☙ 放輕鬆！多讀會考的！ ❧

（一）瓶頸要打開

肚子大瓶頸小，水一樣出不來！考試臨場像大肚小瓶頸的水瓶一樣，一肚子學問，一緊張就像細小瓶頸，水出不來。

（二）緊張是考場答不出的原因之一

考場怎麼解都解不出，一出考場就通了！很多人去考場一緊張什麼都想不出，一出考場**放輕鬆**了，答案馬上迎刃而解。出了考場才發現答案不難。

人緊張的時候是肌肉緊縮、血管緊縮、心臟壓力大增、血液循環不順、腦部供血不順、腦筋不清一片空白，怎麼可能寫出好的答案？

（三）親自動手做，多參加考試累積經驗

112 年度題解出版，還是老話一句，不要光看解答，自己**一定要動手親自做**過每一題，東西才是你的。

考試跟人生的每件事一樣，是經驗的累積。每次考試，都是一次進步的過程，經驗累積到一定的程度，你就會上。所以並不是說你不認真不努力，求神拜佛就會上。**多參加考試**，事後檢討修正再進步，你不上也難。考不上也沒損失，至少你進步了！

（四）多讀會考的，考上機會才大

多讀多做考古題，你就會知道考試重點在哪裡。**九華考題，題型系列**的書是你不可或缺最好的參考書。

祝　大家輕鬆、愉快、健康、進步

九華文教　陳主任

前言
Preface

ᘓ 感 謝 ᘔ

※ 本考試相關題解,感謝諸位老師編撰與提供解答。

　　　林 宏 麟 老師

　　　陳 俊 安 老師

　　　李 奇 謀 老師

　　　謝　　安 老師

　　　周　　耘 老師

　　　許　　銘 老師

　　　陳　　瑋 老師

※ 由於每年考試次數甚多,整理資料的時間有限,題解內容如有疏漏,煩請傳真指證。我們將有專門的服務人員,儘速為您提供優質的諮詢。

※ 本題解提供為參考使用,如欲詳知真正的考場答題技巧與專業知識的重點。仍請您接受我們誠摯的邀請,歡迎前來各班親身體驗現場的課程。

目錄 Contents

目錄

Contents

單元 **1**

公務人員
高考三級

112年 公務人員高等考試三級考試試題／工程力學（包括材料力學）

一、下圖之結構，彈力常數為 k＝2000 N/m 之彈簧連接在 B 點，且當 θ＝90°時，彈簧不伸長也不縮短。力矩 M＝8 N•m 作用於 A 點。力量 F 作用於 C 點。求當 θ＝60°時，欲使結構達平衡時所須之力 F＝？（25 分）

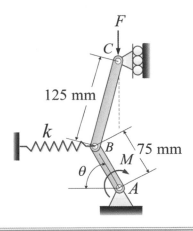

參考題解

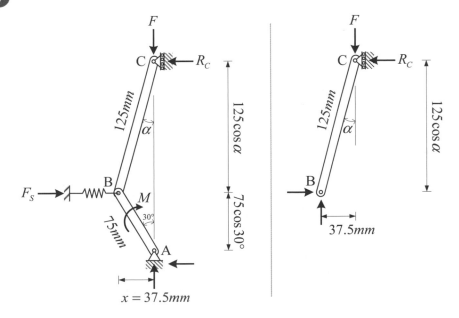

（一）當 $\theta = 60°$ 時

彈簧變形量：$x = 75 \cdot \sin 30° = 37.5 \ mm$

彈簧內力：$F_s = k_s x = 2000 \cdot (37.5 \times 10^{-3}) = 75 \ N$

BC 桿角度：$75 \times \sin 30° = 125 \times \sin \alpha \ \therefore \alpha = 17.46°$

（二）整體結構對 A 點取力矩平衡

$$\sum M_A = 0 \ , \ \cancel{M}^{8 \times 10^3} + \cancel{F_s}^{75} \times (75 \times \cos 30°) = R_C \times [125 \times \cos 17.46° + 75 \times \cos 30°]$$
$$\Rightarrow R_C = 69.88 \ N$$

（三）取出 BC 桿自由體，對其 B 點取力矩平衡

$$\sum M_B = 0 \ , \ F \times 37.5 = \cancel{R_C}^{69.88} \times (125 \times \cos 17.46°) \ \Rightarrow F = 222.2 \ N$$

二、圖(a)之結構，水平桿件 AB 為矩形截面（寬 b = 40 mm，高 h = 100 mm），長 L = 4 m，桿件 AB 為剛體。傾斜 CD 桿是由兩根矩形截面桿（寬 5b / 8，高 h）組成，傾斜 CD 桿之楊氏模數 E = 20 GPa。AB 桿與 CD 桿在 C 點用直徑 d = 20 mm 之錨釘固定，如圖 (b)所示。若錨釘之允許剪應力 τ_{allow} = 100 MPa，則載重 P 之允許值 P_{allow} = ？又，在允許載重 P_{allow} 下，B 點垂直位移 δ_B = ？（25 分）

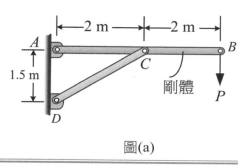

圖(a)

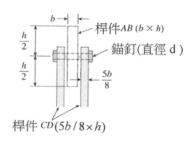

圖(b) 在 C 點之結構

參考題解

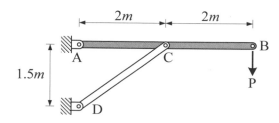

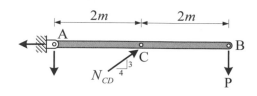

（一）CD 桿件內力

$$\sum M_A = 0 \ , \ P \times 4 = \left(N_{CD} \times \frac{3}{5} \right) \times 2 \ \ \therefore N_{CD} = \frac{10}{3} P$$

（二）錨釘受到的剪力：$V_{釘} = \dfrac{N_{CD}}{2} = \dfrac{5}{3} P$

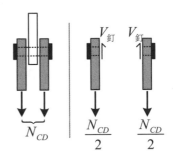

$$\tau \le \tau_{allow} \Rightarrow \frac{V_{釘}}{A} \le 100 \Rightarrow \frac{\frac{5}{3}P}{\frac{\pi}{4} \times 20^2} \le 100 \ \therefore P \le 18850 \ N$$

$$\therefore P_{allow} = 18850 \ N$$

（三）B 點垂直位移 δ_B：根據卡二定理，$\dfrac{\partial U}{\partial P} = \Delta_P = \delta_B$

1. $U = U_{CD} = \dfrac{1}{2} \dfrac{{N_{CD}}^2 L_{CD}}{EA_{CD}} = \dfrac{1}{2} \dfrac{\left(\frac{10}{3} P \right)^2 L_{CD}}{EA_{CD}} = \dfrac{50}{9} \dfrac{P^2 L_{CD}}{EA_{CD}}$

2. $\dfrac{\partial U}{\partial P} = \dfrac{\partial \left(\frac{50}{9} \frac{P^2 L_{CD}}{EA_{CD}} \right)}{\partial P} = \dfrac{100}{9} \dfrac{P L_{CD}}{EA_{CD}} = \dfrac{100}{9} \dfrac{(18850)(2.5)}{(20 \times 10^9)(5000 \times 10^{-6})} = 5.24 \times 10^{-3} \ m (\downarrow)$

PS：$A_{CD} = 2 \left(\dfrac{5}{8} bh \right) = 2 \left(\dfrac{5}{8} \times 40 \times 100 \right) = 5000 \ mm^2 = 5000 \times 10^{-6} \ m^2$

三、長為 L、直徑為 d、剪力模數為 G 之實心圓桿 AB，兩端為固定端，受到分佈扭矩 t(x)
$= t_0$ x/L 作用，如下圖所示。求圓桿 AB 之最大剪應力 τ_{max} 及最大扭轉角 ϕ_{max}。（25 分）

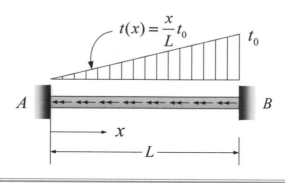

參考題解

（一）計算支承反力

1. $T(x) + T_A = \dfrac{1}{2} t(x) \cdot x \Rightarrow T(x) = \dfrac{1}{2} \dfrac{x^2}{L} t_0 - T_A$

2. $d\phi = \dfrac{T(x)}{GJ} dx = \dfrac{1}{GJ} \left(\dfrac{1}{2} \dfrac{x^2}{L} t_0 - T_A \right) dx$

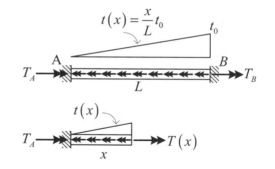

扭轉角總和為 $0 \Rightarrow \int d\phi = 0$

$\displaystyle\int_0^L \dfrac{1}{GJ} \left(\dfrac{1}{2} \dfrac{x^2}{L} t_0 - T_A \right) dx = 0$

$\Rightarrow \left(\dfrac{1}{6} \dfrac{x^3}{L} t_0 - T_A x \right) \Big|_0^L = 0 \Rightarrow T_A = \dfrac{1}{6} t_0 L$

3. $T_A^{\frac{1}{6} t_0 L} + T_B = \dfrac{1}{2} t_0 L \Rightarrow T_B = \dfrac{1}{3} t_0 L$

（二）最大剪應力發生在最大扭矩處斷面的最外緣，B 處斷面有最大扭矩 $T_B = \dfrac{1}{3} t_0 L$

$$\tau_{max} = \dfrac{T\rho}{J} = \dfrac{\dfrac{1}{3} t_0 L \left(\dfrac{d}{2} \right)}{\dfrac{\pi}{32} d^4} = \dfrac{16}{3\pi} \dfrac{t_0 L}{d^3}$$

（三）最大扭轉角

1. 扭轉角函數

$$\phi(x) = \int d\phi = \int \frac{1}{GJ}\left(\frac{1}{2}\frac{x^2}{L}t_0 - T_A\right)dx = \frac{1}{GJ}\left(\frac{1}{6}\frac{x^3}{L}t_0 - T_A x\right) = \frac{1}{GJ}\left(\frac{1}{6}\frac{x^3}{L}t_0 - \frac{1}{6}t_0 Lx\right)$$

2. 扭轉角函數發生在一階導數為 0 處

$$\phi'(x) = \frac{1}{GJ}\left(\frac{1}{2}\frac{x^2}{L}t_0 - \frac{1}{6}t_0 L\right)$$

$$\Rightarrow \phi'(x) = 0 \Rightarrow \frac{1}{2}\frac{x^2}{L}t_0 - \frac{1}{6}t_0 L = 0 \quad \therefore x = \frac{1}{\sqrt{3}}L \approx 0.577L$$

3. $$\phi_{max} = \phi(0.577L) = \frac{1}{GJ}\left(\frac{1}{6}\frac{(0.577L)^3}{L}t_0 - \frac{1}{6}t_0 L(0.577L)\right)$$

$$= \frac{1}{GJ}\left(-0.0641 t_0 L^2\right) = \frac{1}{G\left(\frac{\pi}{32}d^4\right)}\left(-0.0641 t_0 L^2\right) = -0.653\frac{t_0 L^2}{Gd^4}$$

四、梁 ABC，在 C 點為滑動支撐，如下圖所示，梁之撓曲勁度為 EI，熱膨脹係數為 α，梁之上下緣分別受到溫度 T_1 及 $T_2(T_2 > T_1)$作用。試求 C 點的力矩 M_C，以及 C 點的垂直（y 向）位移 δ_C。（寫出大小並標出方向）（25 分）

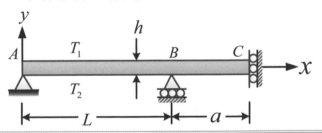

參考題解

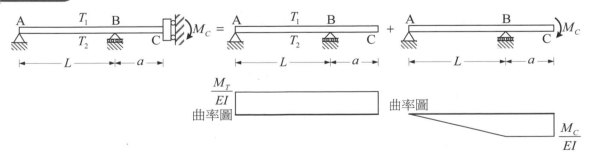

（一）計算 C 點力矩 M_C

    1. 圖(I)的 θ_C

        （1）第二力矩面積定理：$A \to B$

$$y_B = y_A + \overline{L} \cdot \theta_A + t_{B/A} \Rightarrow 0 = 0 + L \cdot \theta_A + \left(\frac{M_T}{EI} \times L\right) \times \frac{L}{2} \quad \therefore \theta_A = -\frac{1}{2}\frac{M_T}{EI}$$

        （2）第一力矩面積定理：$A \to C$

$$\theta_C = \theta_A + A_{AC} \Rightarrow \theta_C = -\frac{1}{2}\frac{M_T}{EI} + \frac{M_T}{EI} \times (L + a) \quad \therefore \theta_C = \frac{M_T}{EI}\left(\frac{L}{2} + a\right) \cdots\cdots\cdots ①$$

    2. 圖(II)的 θ_C

        （1）第二力矩面積定理：$A \to B$

$$y_B = y_A + \overline{L} \cdot \theta_A + t_{B/A} \Rightarrow 0 = 0 + L \cdot \theta_A + \left(-\frac{1}{2}\frac{M_C}{EI} \times L\right) \times \frac{L}{3} \quad \therefore \theta_A = \frac{1}{6}\frac{M_C L}{EI}$$

        （2）第一力矩面積定理 $A \to C$

$$\theta_C = \theta_A + A_{AC} \Rightarrow \theta_C = \frac{1}{6}\frac{M_C L}{EI} + \left[-\left(\frac{1}{2}\frac{M_C L}{EI} + \frac{M_C a}{EI}\right)\right] \quad \therefore \theta_C = \frac{M_C}{EI}\left(-\frac{1}{3}L - a\right) \cdots\cdots\cdots ②$$

    3. 圖(I)的 θ_C 與圖(II)的 θ_C 總和為 0

$$\frac{M_T}{EI}\left(\frac{L}{2} + a\right) + \frac{M_C}{EI}\left(-\frac{1}{3}L - a\right) = 0 \Rightarrow M_C = \frac{\dfrac{L}{2} + a}{\dfrac{1}{3}L + a} M_T = \frac{3L + 6a}{2L + 6a} M_T$$

$$\left(\text{其中} M_T = \frac{\alpha(T_2 - T_1)}{h} EI\right)$$

（二）計算 C 點撓度 Δ_C

    1. 圖(I)的 Δ_C：第二力矩面積定理 $A \to C$

$$y_C = y_A + \overline{L} \cdot \theta_A + t_{C/A} \Rightarrow 0$$

$$= 0 + (L + a) \cdot \left(-\frac{1}{2}\frac{M_T L}{EI}\right) + \left(\frac{M_T}{EI}\right) \times (L + a)\left(\frac{L + a}{2}\right)$$

$$= \frac{1}{2}\frac{M_T L}{EI}\left[\left(-L^2 - aL\right) + \left(L^2 + 2aL + a^2\right)\right]$$

$$= \frac{1}{2}\frac{M_T L}{EI}\left(aL + a^2\right)$$

2. 圖(II)的 Δ_C：第二力矩面積定理 $A \to C$

$$y_C = y_A + \overline{L} \cdot \theta_A + t_{C/A} \Rightarrow 0$$

$$= 0 + (L+a) \cdot \left(\frac{1}{6} \frac{M_C L}{EI} \right) + \left[\left(-\frac{1}{2} \frac{M_C}{EI} \times L \right) \left(\frac{L}{3} + a \right) + \left(-\frac{M_C}{EI} \times a \right) \left(\frac{a}{2} \right) \right]$$

$$= \frac{1}{6} \frac{M_C}{EI} \left[(L^2 + aL) - 3L \left(\frac{L}{3} + a \right) - 3a^2 \right]$$

$$= \frac{1}{6} \frac{M_C}{EI} \left[-2aL - 3a^2 \right]$$

3. $\Delta_C = $ 圖(I)的 $\Delta_C + $ 圖(II)的 Δ_C

$$= \frac{1}{2} \frac{M_T L}{EI} (aL + a^2) + \frac{1}{6} \frac{M_C}{EI} \left[-2aL - 3a^2 \right]$$

$$= \frac{1}{2} \frac{M_T L}{EI} (aL + a^2) + \frac{1}{6} \frac{M_T}{EI} \frac{3L + 6a}{2L + 6a} \left[-2aL - 3a^2 \right]$$

$$= \frac{1}{6} \frac{M_T}{EI} \cdot a \left[(3L + 3a) + \frac{3L + 6a}{2L + 6a} (-2L - 3a) \right]$$

$$= \frac{1}{6} \frac{M_T}{EI} \cdot a \left[\frac{3aL}{2L + 6a} \right]$$

$$= \frac{M_T}{EI} \frac{a^2 L}{4L + 12a} (\uparrow) \qquad \left(\text{其中} M_T = \frac{\alpha (T_2 - T_1)}{h} EI \right)$$

PS：$(3L + 3a) + \dfrac{3L + 6a}{2L + 6a} (-2L - 3a) = \dfrac{(3L + 3a)(2L + 6a) + (3L + 6a)(-2L - 3a)}{2L + 6a}$

$$= \frac{\left[6L^2 + 24aL + 18a^2 \right] + \left[-6L^2 - 21aL - 18a^2 \right]}{2L + 6a}$$

$$= \frac{3aL}{2L + 6a}$$

112年 公務人員高等考試三級考試試題／土壤力學（包括基礎工程）

一、現地土樣之含水量 w = 20%，孔隙比 e = 0.9，比重 G_s = 2.7。試求（一）現地飽和度與濕單位重；（10分）（二）飽和含水量與飽和單位重。（10分）

參考題解

屬送分題，千萬不要失分。

（一）$S \times e = G_s \times w$

現地飽和度 $S = G_s \times w/e = 2.7 \times 0.2/0.9 = 0.6 = 60\%$ ……… Ans.

濕土單位重 $\gamma_m = \dfrac{G_s + Se}{1 + e}\gamma_w = \dfrac{G_s(1 + w)}{1 + e}\gamma_w$

$$= \dfrac{2.7(1 + 0.2)}{1 + 0.9} \times 9.81 = 16.73 \text{ kN/m}^3 \dots\dots \text{Ans.}$$

（二）飽和 $S = 1.0$

飽和含水量 $w = S \times \dfrac{e}{G_s} = 1 \times \dfrac{0.9}{2.7} = 0.3333 = 33.33\%$ ……… Ans.

飽和單位重 $\gamma_{sat} = \dfrac{G_s + e}{1 + e}\gamma_w = \dfrac{2.7 + 0.9}{1 + 0.9} \times 9.81 = 18.59 \text{ kN/m}^3 \dots\dots \text{Ans.}$

二、如下圖之滲流試驗，土樣 A 與 B 放置於容器中，其長度、飽和單位重與滲透係數分別為$L_A = 0.1m$，$\gamma_{sat, A} = 21\ kN/m^3$，$k_A = 2 \times 10^{-6}m/s$，$L_B = 0.4m$，$\gamma_{sat, B} = 19.6\ kN/m^3$，$k_B = 8 \times 10^{-6}m/s$，在 0.4 m 的水頭差作用下滲流，試求土樣 A 與 B 之(a)水頭損失；(b)水力坡降；(c)滲流力；(d)是否發生管湧。（20 分）

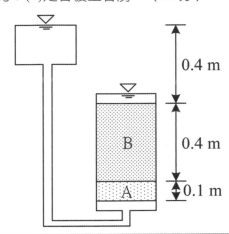

參考題解

提示（1）：滲流條件為定水頭→垂直層面滲流→水頭差分配原理

提示（2）：題目本文指水頭差 0.4 m，但圖卻劃成不是 0.4 m。以下解題仍以水頭差 0.4 m 進行解答。

提示（3）：以下解答係建立在以下條件，**即不管土壤是否已經產生砂湧，仍將水頭差依據分配原理進行分配**（這也是循出題老師的步驟）。（以下解答其實是不合理，本題類似 112 一貫班土壤力學講義／第六章／105 年台大土研所例題討論分享，**請同學持續關注 112 題型班將進一步解析說明**）

(a)水頭損失：

$$\Delta h_A : \Delta h_B = \frac{L_A}{k_A A_A} : \frac{L_B}{k_B A_B} \qquad 斷面機\ A_A = A_B$$

$$= \frac{0.1}{2 \times 10^{-6}} : \frac{0.4}{8 \times 10^{-6}} = 1 : 1$$

土樣 A 水頭損失 $\Delta h_A = \dfrac{1}{1+1} \times 0.4 = 0.2m$ … … … … … .. … Ans.

土樣 B 水頭損失 $\Delta h_B = \dfrac{1}{1+1} \times 0.4 = 0.2m$ … … … … … .. … Ans.

(b)水力坡降：

土樣 A 水力坡降 $i_A = \dfrac{\Delta h_A}{L_A} = \dfrac{0.2}{0.1} = 2.0$ ……………… Ans.

土樣 B 水力坡降 $i_B = \dfrac{\Delta h_B}{L_B} = \dfrac{0.2}{0.4} = 0.5$ ……………… Ans.

(c)滲流力：未提供斷面積，無法求體積，故以單位體積滲流力 j 表示：

土樣 A 單位體積滲流力 $j_A = i_A \gamma_w = 2 \times 9.81 = 19.62 \ kN/m^3$ ………… Ans.

土樣 B 單位體積滲流力 $j_B = i_B \gamma_w = 0.5 \times 9.81 = 4.905 \ kN/m^3$ ……… Ans.

(d)是否發生管湧：

土樣 A 臨界水力坡降 $i_{cr,A} = \dfrac{\gamma'}{\gamma_w} = \dfrac{21 - 9.81}{9.81} = 1.14$

土樣 A 之 $i_A = 2.0 > i_{cr,A}$ $\Rightarrow$ 發生管湧 …………… Ans.

土樣 B 臨界水力坡降 $i_{cr,B} = \dfrac{\gamma'}{\gamma_w} = \dfrac{19.6 - 9.81}{9.81} = 0.998$

土樣 B 之 $i_B = 0.5 > i_{cr,B}$ $\Rightarrow$ 不發生管湧 …………… Ans.

三、正常壓密黏土進行三軸壓密不排水試驗，破壞時 $\sigma_{3f} = 150 \ kPa$，$\sigma_{1f} = 255 \ kPa$，超額孔隙水壓 $\Delta u = 80 \ kPa$，試求此黏土的不排水摩擦角 φ_{cu} 及有效摩擦角 φ'。（20 分）

參考題解

屬送分題，千萬不要失分。

總應力：$\sigma_1 = \sigma_3 K_p + 2c\sqrt{K_p}$ 正常壓密黏土 $c = 0$

$\quad 255 = 150 K_p + 0$

$\quad \Rightarrow K_p = \tan^2\left(45° + \dfrac{\varphi_{cu}}{2}\right) = 1.7 \Rightarrow \varphi_{cu} = 15.03°$ …………………… Ans.

有效應力：$\sigma_1' = \sigma_3' K_p' + 2c'\sqrt{K_p'}$ 正常壓密黏土 $c' = 0$

$\quad 255 - 80 = (150 - 80)K_p' + 0$

$\quad \Rightarrow K_p' = \tan^2\left(45° + \dfrac{\varphi'}{2}\right) = 2.5 \Rightarrow \varphi' = 25.38°$ ……………… Ans.

四、如下圖邊寬為 B 的方形獨立基腳，承載柱子傳下來的淨垂直力 F = 150 kN，此基腳之埋置深度與地下水位均在地表下 1 m，在地表下 2 m 深有一厚度 2 m 之飽和黏土層，黏土層上方與下方為緊密砂層，假設基腳係以 1：2（水平：垂直）的錐形將力量往下散布傳遞。依據黏土試體壓密實驗結果，對應此深度應力條件之體積壓縮係數 m_v = 0.004/kPa，若要將此黏土層之壓密沉陷量控制在 5 cm 之內，試求基腳之最小寬 B(m)（註：取小數點後一位）。（20 分）

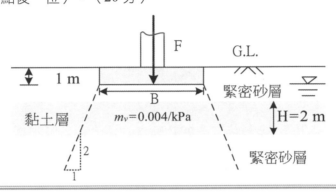

參考題解

屬送分題，千萬不要失分。

利用 $\Delta H_c = m_v \Delta\sigma' H_0$

$\Rightarrow 5 = 0.004 \times \Delta\sigma' \times 200 \Rightarrow \Delta\sigma' \leq 6.25 \text{ kPa}$

基礎版底距黏土層中央位置之距離 d = 2m

黏土層中央應力增量 $\Delta\sigma' = \dfrac{P}{(B+d)^2} = \dfrac{150}{(B+2)^2} \leq 6.25 \text{ kPa.}$

$\Rightarrow B \geq 2.899\text{m}$ 取 $B \geq 2.9\text{m} \ldots \ldots \ldots \ldots \ldots \ldots$ Ans.

五、如下圖 5 m 高之重力式混凝土擋土牆，其頂寬為 1 m，基礎底寬為 B，混凝土單位重 γ_c = 23 kN/m³；其牆背假設光滑，牆後夯實砂土之單位重 γ = 16.5 kN/m³，摩擦角 φ = 40°；基礎底面之原始地層與混凝土之界面摩擦角 φ_B = 20°。若要求擋土牆抗傾覆安全係數不小於 1.5，試求此擋土牆基礎之最小底寬 B(m)？（20 分）

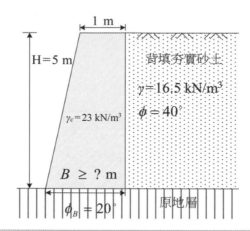

參考題解

屬送分題，千萬不要失分。

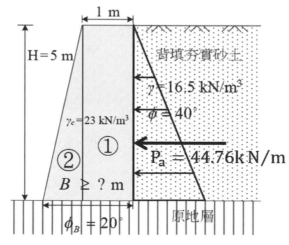

以下使用Rankine法解題：

$$K_a = \tan^2\left(45° - \frac{\varphi}{2}\right) = \tan^2\left(45° - \frac{40°}{2}\right) = 0.217$$

$$P_a = \frac{1}{2}\gamma H^2 K_a = \frac{1}{2} \times 16.5 \times 5^2 \times 0.217 = 44.76 \text{ kN/m}$$

$$\sum M_d = P_a \times \frac{H}{3} = 44.76 \times \frac{5}{3} = 74.6 \text{ kN} \cdot \text{m}$$

編號	面積m²	重量kN/m	力臂m （對牆趾）	力矩 kN·m/m
①	$1 \times 5 = 5$	$23 \times 5 = 115$	$B - 0.5$	$115B - 57.5$
②	$0.5 \times (B-1) \times 5$ $= 2.5(B-1)$	$23 \times 2.5(B-1)$ $= 57.5(B-1)$	$\dfrac{2(B-1)}{3}$	$38.33B^2 - 76.67B + 38.33$
			$\sum M_r =$	$38.33B^2 + 38.33B - 19.17$

$$\Rightarrow FS = \frac{\sum M_r}{\sum M_d} = \frac{38.33B^2 + 38.33B - 19.17}{74.6} \geq 1.5$$

$$\Rightarrow 38.33B^2 + 38.33B - 131.07 \geq 0$$

$$\Rightarrow B \geq 1.42 \text{ m} \cdots\cdots\cdots\cdots\cdots\cdots\cdots\cdots\cdots\cdots\cdots\cdots\cdots\cdots\cdots\cdots \text{ Ans.}$$

112年 公務人員高等考試三級考試試題／結構學

一、試決定圖中構件 *CD* 與 *EF* 的受力大小，以及 *A* 點與 *B* 點的鉸支承（pin support）作用在構架之水平方向與垂直方向的分力大小。圖示所有構件皆為鉸接（pin joint）。不考慮結構自重影響。（25分）

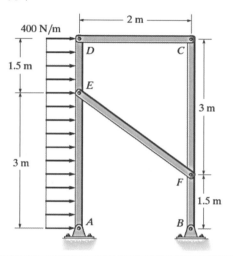

參考題解

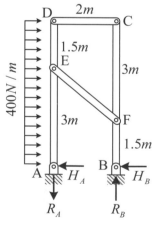
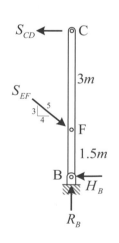
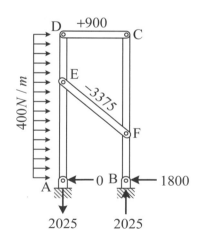

（一）CD、EF 桿為二力桿

（二）整體平衡（上圖左）

$$\sum M_A = 0 \ , \ 400 \times 4.5 \times \frac{4.5}{2} = R_B \times 2 \ \Rightarrow R_B = 2025 \ N \ (\uparrow)$$

（三）拆出 CFB 桿（上圖中）

1. $\sum F_y = 0$，$S_{EF} \times \dfrac{3}{5} = \cancel{R_B}^{2025} \Rightarrow S_{EF} = 3375\,N$（壓）

2. $\sum M_C = 0$，$\left(S_{EF} \times \dfrac{4}{5}\right) \times 3 = H_B \times 4.5$ ∴ $H_B = 1800\,N$（←）

3. $\sum F_x = 0$，$S_{CD} + \cancel{H_B}^{1800} = \cancel{S_{EF}}^{3375} \times \dfrac{4}{5}$ ∴ $S_{CD} = 900\,N$（拉）

（四）整體平衡（上圖左）

$\sum F_x = 0$，$400 \times 4.5 = H_A + \cancel{H_B}^{1800}$ ∴ $H_A = 0$

（五）支承反力與 CD、EF 桿內力如上圖右所示。

二、圖示圓盤受彎矩 $M = 300\,N \cdot m$ 作用，且圓盤邊上有一彈簧，其係數 $k = 4\,kN/m$，彈簧另一端固定在牆壁上。在初始狀態彈簧未伸長無變形，不考慮摩擦力影響：1. 試繪出圓盤之自由體圖（Free body diagram, FBD），2. 試用虛功法（method of virtual work）決定力平衡（equilibrium）時的圓盤轉角 θ。（25 分）

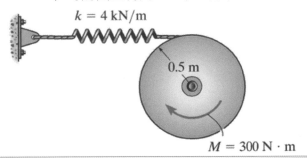

$k = 4\,kN/m$

0.5 m

$M = 300\,N \cdot m$

參考題解

（一）自由體圖

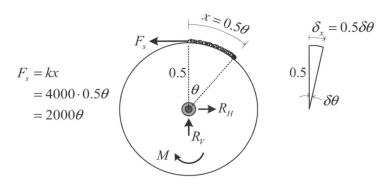

$x = 0.5\theta$　　$\delta_x = 0.5\delta\theta$

F_s

$F_s = kx$
$= 4000 \cdot 0.5\theta$
$= 2000\theta$

0.5　θ　R_H

R_V

M

（二）圓盤轉角 θ

$$\delta W = 0 \Rightarrow M \cdot \delta\theta + \left(-F_s \cdot \delta_x\right) = 0$$

$$\Rightarrow 300\delta\theta + \left(-2000\theta \cdot 0.5\delta\theta\right) = 0$$

$$\Rightarrow 300 - 1000\theta = 0 \therefore \theta = 0.3 \ rad \ \left(\curvearrowright\right)$$

三、（一）試說明結構分析中的疊加法（method of superposition）與其使用之前提或限制。
（10 分）

（二）用疊加法試決定下圖示梁的 3 個支承的垂直向反力，其中 A 點為鉸支承（hinge support），而其他 2 點為滾支承（roller）。E 為材料楊氏係數，I 為斷面二次矩，且 EI 為常數。查表可知梁長 L 的簡支梁中央受集中載重 P 作用時最大變位 $\delta_1 = PL^3 / (48EI)$，改為整支梁受均佈載重 w 時最大變位 $\delta_2 = 5wL^4 / (384EI)$。不考慮結構自重影響。（15 分）

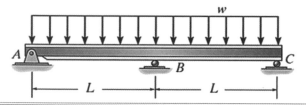

參考題解

（一）疊加法的使用前提：①微小變形、②線彈性結構

（二）

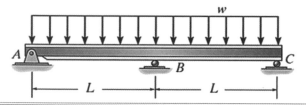

1. $\Delta_I = \dfrac{5}{384}\dfrac{w\left(2L\right)^4}{EI} = \dfrac{5}{24}\dfrac{wL^4}{EI} \ \left(\downarrow\right)$

   $\Delta_{II} = \dfrac{1}{48}\dfrac{R\left(2L\right)^3}{EI} = \dfrac{1}{6}\dfrac{RL^3}{EI} \ \left(\uparrow\right)$

2. $\Delta_I - \Delta_{II} = 0 \Rightarrow \dfrac{5}{24}\dfrac{wL^4}{EI} - \dfrac{1}{6}\dfrac{RL^3}{EI} = 0 \ \therefore R = \dfrac{5}{4}wL = R_B$

3. 整體 $\sum F_y = 0$，$\cancel{R}^{\frac{5}{4}wL} + 2R_1 = w \cdot 2L \ \therefore R_1 = \dfrac{3}{8}wL = R_A = R_C$

四、用結構矩陣法試決定圖示構架的節點②在水平方向位移（D1）與垂直方向位移（D2）及轉角（D3）。構件的材料楊氏係數 $E = 200\,GPa$，斷面二次矩 $I = 300 \times 10^6\,mm^4$，面積 $A = 10 \times 10^3\,mm^2$。參照圖示構件節點自由度編號，可求得構架整體的結構勁度矩陣如下：（25分）

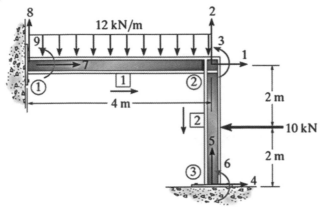

$$K = \begin{bmatrix} 511.25 & 0 & 22.5 & -11.25 & 0 & 22.5 & -500 & 0 & 0 \\ 0 & 511.25 & -22.5 & 0 & -500 & 0 & 0 & -11.25 & -22.25 \\ 22.5 & -22.5 & 120 & -22.5 & 0 & 30 & 0 & 22.5 & 30 \\ -11.25 & 0 & -22.5 & 11.25 & 0 & -22.5 & 0 & 0 & 0 \\ 0 & -500 & 0 & 0 & 500 & 0 & 0 & 0 & 0 \\ 22.5 & 0 & 30 & -22.5 & 0 & 60 & 0 & 0 & 0 \\ -500 & 0 & 0 & 0 & 0 & 0 & 500 & 0 & 0 \\ 0 & -11.25 & 22.5 & 0 & 0 & 0 & 0 & 11.25 & 22.5 \\ 0 & -22.5 & 30 & 0 & 0 & 0 & 0 & 25.5 & 60 \end{bmatrix} \begin{matrix} 1 \\ 2 \\ 3 \\ 4 \\ 5\,(10^6) \\ 6 \\ 7 \\ 8 \\ 9 \end{matrix}$$

參考題解

（一）依題意設定 $[r] = \begin{bmatrix} r_1 \\ r_2 \\ r_3 \end{bmatrix}$

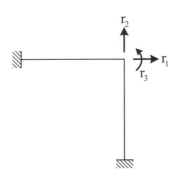

（二）計算 $[R] = \begin{bmatrix} R_1 \\ R_2 \\ R_3 \end{bmatrix} = \begin{bmatrix} -5 \\ -24 \\ 11 \end{bmatrix}$

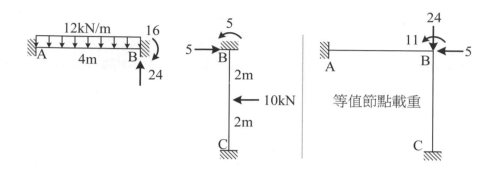

（三）計算$[K]$、$[K]^{-1}$

$$EI = 200 \times (300 \times 10^6) = 60000 \times 10^6 \ kN - mm^2 = 60000 \ kN - m^2$$

$$EA = 200 \times (10 \times 10^3) = 2 \times 10^6 \ kN$$

1. $r_1 = 1$, $others = 0$

$$k_{11} = \frac{12EI}{L^3} + \frac{EA}{L}$$

$$= \frac{12(60000)}{4^3} + \frac{2 \times 10^6}{4}$$

$$= 511250 \ kN / m$$

$$k_{21} = 0$$

$$k_{31} = \frac{6EI}{L^2} = \frac{6(60000)}{4^2}$$

$$= 22500 \ kN$$

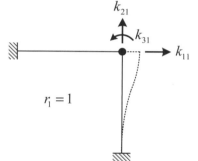
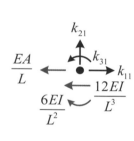

2. $r_2 = 1$, $others = 0$

$$k_{12} = 0$$

$$k_{22} = \frac{12EI}{L^3} + \frac{EA}{L}$$

$$= \frac{12(60000)}{4^3} + \frac{2 \times 10^6}{4}$$

$$= 511250 \ kN / m$$

$$k_{32} = -\frac{6EI}{L^2} = -\frac{6(60000)}{4^2}$$

$$= -22500 \ kN$$

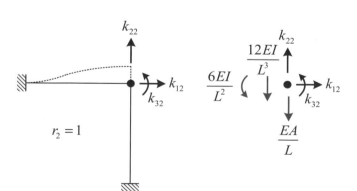

3. $r_3 = 1$, $others = 0$

$k_{13} = \dfrac{6EI}{L^2} = \dfrac{6(60000)}{4^2}$

$= 22500 \ kN$

$k_{23} = -\dfrac{6EI}{L^2} = -\dfrac{6(60000)}{4^2}$

$= -22500 \ kN$

$k_{32} = \dfrac{4EI}{L} + \dfrac{4EI}{L} = \dfrac{8EI}{L}$

$= \dfrac{8(60000)}{4}$

$= 120000 \ kN-m$

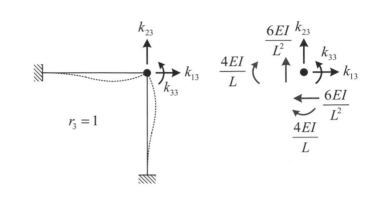

4. $[K] = \begin{bmatrix} 511250 & 0 & 22500 \\ 0 & 511250 & -22500 \\ 22500 & -22500 & 120000 \end{bmatrix} = 10^3 \begin{bmatrix} 511.25 & 0 & 22.5 \\ 0 & 511.25 & -22.5 \\ 22.5 & -22.5 & 120 \end{bmatrix}$

$\Rightarrow [K]^{-1} = \dfrac{1}{10^3} \begin{bmatrix} 1.972\times10^{-3} & -0.0164\times10^{-3} & -0.373\times10^{-3} \\ -0.0164\times10^{-3} & 1.972\times10^{-3} & 0.373\times10^{-3} \\ -0.373\times10^{-3} & 0.373\times10^{-3} & 8.473\times10^{-3} \end{bmatrix}$

（四）計算 $[r] = [K]^{-1}[R]$

$\Rightarrow \begin{bmatrix} r_1 \\ r_2 \\ r_3 \end{bmatrix} = \dfrac{1}{10^3} \begin{bmatrix} 1.972\times10^{-3} & -0.0164\times10^{-3} & -0.373\times10^{-3} \\ -0.0164\times10^{-3} & 1.972\times10^{-3} & 0.373\times10^{-3} \\ -0.373\times10^{-3} & 0.373\times10^{-3} & 8.473\times10^{-3} \end{bmatrix} \begin{bmatrix} -5 \\ -24 \\ 11 \end{bmatrix} = \begin{bmatrix} -13.569\times10^{-6} \\ -43.143\times10^{-6} \\ 86.116\times10^{-6} \end{bmatrix}$

（五）點 2 水平位移 $D1 = r_1 = 13.569\times10^{-6} \ m \ (\leftarrow)$

點 2 垂直位移 $D2 = r_2 = 43.143\times10^{-6} \ m \ (\downarrow)$

點 2 旋轉角 $D3 = r_3 = 86.116\times10^{-6} \ \text{rad} \ (\curvearrowleft)$

公務人員高等考試三級考試試題／鋼筋混凝土學與設計

※依據與作答規範：內政部營建署「混凝土結構設計規範」（內政部 110.03.02 台內營字第 1100801841 號令）。未依上述規範作答，不予計分。

一、試利用應變圖檢核雙筋矩形梁在平衡（Balance）破壞，其壓力鋼筋是否降伏？（25 分）

參考題解

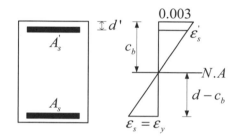

（一）平衡狀態下，中性軸的深度 c_b

$$\frac{d-c_b}{\varepsilon_y} = \frac{c_b}{0.003} \Rightarrow c_b = \frac{0.003}{0.003+\varepsilon_y}d$$

（二）平衡狀態下，壓力筋的應變 ε_s'

$$\frac{\varepsilon_s'}{0.003} = \frac{c_b-d'}{c_b} \Rightarrow \varepsilon_s' = \frac{c_b-d'}{c_b}\times 0.003 = \frac{\dfrac{0.003}{0.003+\varepsilon_y}d - d'}{\dfrac{0.003}{0.003+\varepsilon_y}d}\times 0.003$$

（三）上式中，$\begin{cases} \varepsilon_s' \geq \varepsilon_y \Rightarrow 壓力筋降伏 \\ \varepsilon_s' < \varepsilon_y \Rightarrow 壓力筋不降伏 \end{cases}$

二、跨度為 7 m 之簡支 T 形梁斷面如圖所示，其於施工中所承受之最大均佈活載重 W_L = 2.5 tf/m。試求拆模時的混凝土強度。（已知混凝土單位重 2.4 tf/m³，f'_c = 280 kgf/cm²，f_y = 4200 kgf/cm²，D29，d_b = 2.87 cm，A_b = 6.47 cm²）（25 分）

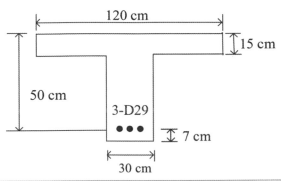

參考題解

（一）計算 M_{cr}（以忽略拉力筋估算）

$$\bar{y} = \frac{(30 \times 42)(21) + (120 \times 15)(42 + 7.5)}{30 \times 42 + 120 \times 15} = 37.76 \ cm$$

$$I_g = \frac{1}{3} \times 30 \times 37.76^3 + \frac{1}{3} \times 120 \times 19.24^3 - \frac{1}{3} \times 90 \times 4.24^3$$

$$= 820991 \ cm^4$$

$$f_r = \frac{M_{cr}y}{I_g} \Rightarrow 2\sqrt{280} = \frac{M_{cr}(37.76)}{820991}$$

$$\therefore M_{cr} = 727638 \ kgf - cm \approx 7.28 \ tf - m$$

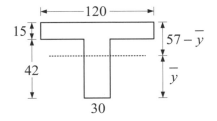

（二）計算使用載重下的最大彎矩值 M

$$\left.\begin{array}{l} w_D = 2.4[1.2 \times 0.15 + 0.3 \times 0.42] = 0.7344 \ tf / m \\ w_L = 2.5 \ tf / m \end{array}\right\} w = w_D + w_L = 0.7344 + 2.5 = 3.2344 \ tf / m$$

$$M = \frac{1}{8}wL^2 = \frac{1}{8}(3.2344) \times 7^2 \approx 19.81 \ tf - m > M_{cr} = 7.28 \Rightarrow 斷面已開裂$$

（三）計算當 $M = 19.81 \ tf - m$ 時的最大混凝土應力

1. $n = \dfrac{E_s}{E_c} = \dfrac{2.04 \times 10^6}{15000\sqrt{280}} = 8.13 \Rightarrow 取 n = 8$ $\quad \therefore nA_s = 8(3 \times 6.47) = 155.28 \ cm^2$

2. NA 位置

$$120 \times c \times \frac{c}{2} = nA_s(d-c) \Rightarrow 60c^2 = 155.28(50-c)$$

$$\Rightarrow c^2 + 2.588c - 129.4 = 0$$

$$\therefore c = 10.2 \, , \, -12.74 \, (\text{不合})$$

3. $I_{cr} = \frac{1}{3} \times 120 \times 10.2^3 + 155.28(50-10.2)^2 = 288418 \ cm^4$

4. 混凝土最大壓應力

$$f_c = \frac{My}{I_{cr}} = \frac{19.81 \times 10^5 (10.2)}{288418} = 70.06 \ kgf / cm^2$$

∴ 拆模時混凝土的強度需到達 $70.06 \ kgf / cm^2$ ，方為安全

三、一鋼筋混凝土簡支矩形梁，跨度 6 m。梁斷面寬度 b = 40 cm、深度 h = 60 cm，有效深度 d = 53 cm，並承受均佈設計載重 w_u = 20 tf/m（含自重）。若剪力鋼筋使用 D13，試設計簡支梁臨界斷面處的剪力鋼筋間距。已知混凝土 f_c' = 280 kgf/cm²，剪力筋 f_y = 4200 kgf/cm²。（D13，d_b = 1.27 cm，A_b = 1.27 cm²）（25 分）

參考題解

（一）強度需求

1. 設計載重：$w_u = 20 \ tf / m$
2. 臨界斷面處設計剪力：$d = 53 \ cm$

$$V_u = \frac{w_u L}{2} - w_u d = \frac{20(6)}{2} - 20(0.53) = 49.4 \ tf$$

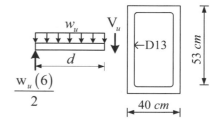

3. 設計間距 s

（1）剪力計算強度需求：$V_u = \phi V_n \Rightarrow 49.4 = 0.75 V_n$ ∴ $V_n = 65.867 \ tf = 65867 \ kgf$

（2）混凝土剪力強度：$V_c = 0.53\sqrt{f_c'}b_w d = 0.53\sqrt{280}(40 \times 53) = 18801 \ kgf$

（3）剪力筋強度需求：$V_n = V_c + V_s \Rightarrow 65867 = 18801 + V_s$ ∴ $V_s = 47066 \ kgf$

（4）間距 s：$V_s = \frac{dA_v f_y}{s} \Rightarrow 47066 = \frac{(53)(2 \times 1.27)(4200)}{s}$ ∴ $s = 12.01 \ cm$

（二）最大鋼筋量間距規定：$1.06\sqrt{f'_c}\, b_w d < V_s \le 2.12\sqrt{f'_c}\, b_w d \Rightarrow s \le \left(\dfrac{d}{4},\ 30\ cm\right)$

$\Rightarrow s \le \left(\dfrac{53}{4}\ cm,\ 30\ cm\right) \Rightarrow s \le (13.25\ cm,\ 30\ cm)_{\min} \therefore s = 13.25\ cm$

（三）最少鋼筋量間距規定：$s \le s_{\max}$

$s \le \left\{\dfrac{A_v f_{yt}}{0.2\sqrt{f'_c}\, b_w},\ \dfrac{A_v f_{yt}}{3.5 b_w}\right\}_{\min} \Rightarrow s \le \left\{\dfrac{(2\times1.27)(4200)}{0.2\sqrt{280}(40)},\ \dfrac{(2\times1.27)(4200)}{3.5(40)}\right\}_{\min}$

$\Rightarrow s \le \{79.7\ cm,\ 76.2\ cm\}_{\min} \therefore s = 76.2\ cm$

（四）綜合（一）（二）（三），$s = 12.01\ cm$，由剪力強度控制。

四、圖示之鋼筋混凝土柱斷面承受軸力與單軸彎矩，當達破壞時，其應變分布如圖所示。材料使用 $280\ kgf/cm^2$，$4200\ kgf/cm^2$。試決定其軸力計算強度 P_n 與彎矩計算強度 M_n 及偏心距 e。（D29，$d_b = 2.87\ cm$，$A_b = 6.47\ cm^2$）（25 分）

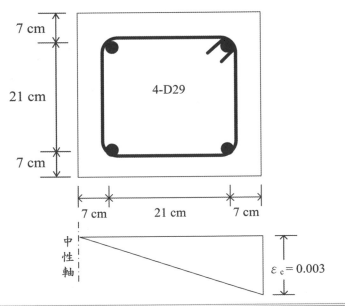

參考題解

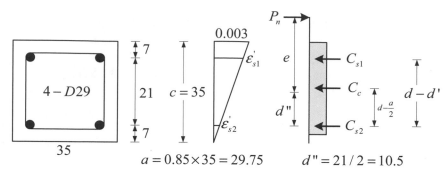

$$a = 0.85 \times 35 = 29.75 \qquad d'' = 21/2 = 10.5$$

（一）計算鋼筋應力

1. 壓力筋 1：

$$\varepsilon'_{s1} = \left(\frac{c-d'}{c}\right)0.003 = \left(\frac{35-7}{35}\right)0.003 = 0.0024 > \varepsilon_y \;\Rightarrow f'_{s1} = f_y = 4200 \; kgf/cm^2$$

2. 壓力筋 2：

$$\varepsilon'_{s2} = \left(\frac{c-28}{c}\right)0.003 = \left(\frac{35-28}{35}\right)0.003 = 0.0006 < \varepsilon_y$$

$$\Rightarrow f'_{s2} = E_s \varepsilon'_{s2} = 2.04 \times 10^6 (0.0006) = 1224 \; kgf/cm^2$$

（二）混凝土與鋼筋的受力

1. 混凝土壓力：

$$C_c = 0.85 f'_c ba = 0.85(280)(35)(29.75) = 247818 \; kgf \approx 247.82 \; tf$$

2. 壓力筋 1 壓力：

$$C_{s1} = A'_{s1}\left(f'_{s1} - 0.85 f'_c\right) = (2 \times 6.47)(4200 - 0.85 \times 280) = 51268 \; kgf \approx 51.27 \; tf$$

3. 壓力筋 2 壓力：

$$C_{s2} = A'_{s2}\left(f'_{s2} - 0.85 f'_c\right) = (2 \times 6.47)(1224 - 0.85 \times 280) = 12759 \; kgf \approx 12.76 \; tf$$

（三）計算 P_n、e、M_n

1. $P_n = C_c + C_{s1} + C_{s2} = 247.82 + 51.27 + 12.76 = 311.85 \; tf$

2. 以 C_{s2} 為力矩中心，計算偏心距 e

$$P_n(e + d'') = C_c\left(d - \frac{a}{2}\right) + C_{s1}(d - d')$$

$$\Rightarrow 311.85(e + 10.5) = 247.82\left(28 - \frac{29.75}{2}\right) + 51.27(28 - 7) \quad \therefore e = 3.38 \; cm$$

3. $M_n = P_n e = 311.85(3.38) = 1054 \; tf-cm \approx 10.54 \; tf-m$

112年 公務人員高等考試三級考試試題／營建管理與工程材料

一、淨零排放為我國當前重要的政策方向，而水泥混凝土廣泛應用於土木營建工程，為減少碳排放的重要目標。請試述生產水泥混凝土過程中碳排的來源及相關減碳策略。（25分）

參考題解

（一）碳排的來源

1. 原料生產與製造階段：

   水泥混凝土原料包括卜特蘭水泥、拌合水、粗細粒料等，其碳排的來源，說明於下：

   （1）卜特蘭水泥：

   製造水泥時碳排係數高達 $0.94 \sim 0.95 kgCO_2\text{-}e/kg$，高碳排量主要來自下列各項：

   ①燃料釋出方面：

   原料中石灰質原料於 800℃以上分解出 CaO，粘土質與鐵質原料需於 600℃以上分解出 SiO_2、Al_2O_3、Fe_2O_3，再於約 1400℃的加熱過程中，完成煅燒成水泥熟料。各種燃料燃燒後除產生熱源外，同時放出大量 CO_2（尤其是煤）。

   ②原料分解方面：

   原料中石灰質原料以碳酸鈣為主，於 800℃以上分解成 CaO 與 CO_2，如下式所示。

   $$CaCO_3 \rightarrow CaO + CO_2\uparrow$$

   ③其他方面：

   開採、運送、磨細與磨粉之機具，使用能源時之碳排放。

   （2）拌合水：

   各種拌合水水源於沉澱、混合與抽送至貯存池（桶）時，使用機具時能源之碳排放。

   （3）粗細粒料：

   粗細粒料開採與破碎使用機具時能源之碳排放。

   （4）原料運輸：

   ①水泥由水泥廠運送至預拌廠或工地之運輸機具，使用能源時之碳排放。

   ②粗細粒料由砂石廠運送至預拌廠或工地時，使用運輸機具能源之碳排放。

2. 混凝土拌合與運輸階段：

（1）預拌混凝土：

拌合機拌合作業與預拌車運輸至工地（含拌合）需使用能源之碳排放。

（2）場拌混凝土：

粗細粒料入拌合機與拌合機拌合作業使用機具，消耗能源之碳排放。

（二）相關減碳策略

1. 以低碳排工業副產品，如飛灰（碳排係數 $0 \, KgCO_2$-e / Kg）與水淬高爐石粉（碳排係數 $0.06 \, KgCO_2$-e / Kg）等卜作嵐材料，取代部份水泥。

2. 提高水泥效率，減少水泥使用量。

3. 儘量採用少漿配比。

4. 採用較大粗粒料尺寸、較粗細度模數（FM）之細粒料與理想（密）級配，減少漿量。

5. 混凝土強度採用高強度設計，減少結構體尺度與混凝土總數量。

6. 提升結構體耐久性，延長混凝土結構物使用壽齡。

7. 採用以重力或電力為動力之機具，降低石化能源使用量。

二、根據共通性施工綱要規範，再生粒料可用於鋪面工程中面層及底層之瀝青混凝土。

（一）允許使用的再生粒料種類為何？（10 分）

（二）於工程進行中，再生粒料供應商應依工程司指示會同使用單位進行抽驗，並進行的試驗工作為何？（15 分）

參考題解

（一）允許使用的再生粒料種類

依施工綱要規範「第 02724 章瀝青混凝土鋪面」與「第 02966 章再生瀝青混凝土」等各章之規定，說明如下：

1. 營建剩餘土石、廢混凝土塊、廢鑄砂、廢陶瓷及廢磚瓦材料經碎裂解分選而成之粒料。

2. 高爐爐碴或鋼爐碴等軋製而成之粒料。

3. 再生瀝青混凝土粒料（RAP）：係以既有路面之瀝青混凝土材料經挖（刨）除運回拌和廠打碎後可再用者，粒料之瀝青含量用於面層需達 3.8% 以上，用於底層需達 3.0% 以上。

4. 再生級配粒料（RAM）：係以既有路面之級配粒料經挖除運回拌和廠處理後可再利用者。

（二）再生粒料需進行的試驗工作

1. 共通性試驗工作：

（1）粗粒料洛杉磯磨損率。

（2）粒料單位體積重量。

（3）粒料硫酸鈉健度。

（4）粗、細粒料篩分析。

（5）粗粒料比重及吸水率。

（6）細粒料比重及吸水率。

（7）粗粒料扁長率。

（8）粗粒料破裂面。

（9）細粒料含砂當量。

2. 再生粒料使用鋼爐碴時之試驗工作：

（1）輻射劑量。

（2）浸水膨脹比。

（3）戴奧辛總毒性當量濃度。

（4）毒性特性溶出程序（TCLP）。

3. 使用再生瀝青混凝土粒料時之試驗工作：

（1）刨除料瀝青含量。

（2）回收瀝青針入度。

（3）回收瀝青黏滯度。

註：焚化再生粒料依現行規範僅能用於級配粒料底層。

三、建築資訊模型（BIM）為當前設計、施工和管理的一項重要工具：

（一）請試述 BIM 的原理。（15 分）

（二）BIM 於施工階段可能面臨的困難為何？（10 分）

參考題解

（一）BIM 的原理

以三維圖形為主，將建築物和其相關設施的資訊整合在一個數位模型中，模型中包含各組成部份之各種資訊，透過數位模型，使用者能以可視覺化的方式在規劃、設計、施工、營運與維修等各生命週期各階段中，進行創建與資訊收集。

數位模型係由電腦輔助設計軟體，通過交互式方式進行編修，使模型資訊具有完整性、關聯性與一致性。其技術主要由三個層面合而成，即界面層之參數化技術，運算層之物件導向技術與儲存層資料庫技術。

（二）BIM 於施工階段可能面臨的困難

可能面臨的困難有下列六個方面，分述於下：

1. 推動使用方面：

    （1）缺乏建立設計樣板。

    （2）缺乏契約管理及收費標準。

    （3）缺乏建立 BIM 元件資料庫。

    （4）缺乏培養 BIM 人才。

    （5）未明確制定規範標準。

    （6）國家 BIM 推動整體藍圖不明確。

2. 技術方面：

    （1）缺乏技術專業性。

    （2）技術難度較高。

    （3）技術更新過快。

    （4）軟體整合性不佳。

3. 人力資源方面：

    （1）人員培訓不足。

    （2）人員應用心態消極。

    （3）人員招募不易。

4. 成本方面：

    （1）投資回報期長。

    （2）效益不確定性。

    （3）短期成本高。

5. 管理方面：

    （1）新觀念導入困難。

    （2）業務流程轉變。

    （3）管理方式轉變。

6. 制度方面：

    （1）智慧財產權歸屬不明。

    （2）責任界限不明。

    （3）缺乏 BIM 規範標準。

四、施工期間必須計算工程進度以有效管控施工進度並估價，請試述計算工程進度之方法。（25 分）

參考題解

（一）經驗法

依經驗主觀認定作業之進度，本法可快速評估，但誤差大。

（二）0/100 法

排程時將各作業工期細分至查核週期（或略小查核週期），未完成進度為 0%，已完成進度為 100%。

（三）X/Y 法

作業未施作進度為 0%，開始施作進度為 X%，完成一半進度為 Y%，已完成進度為 100%。

（四）里程碑權重法

作業細分為若干階段（里程碑），並分配進度。未完成該階段之工作，進度為 0%，已完成該階段之工作，進度為所分配進度。

（五）百分比法

1. 工程數量法：

進度以作業已完成數量與總數量之百分比計量。

$$進度（\%）=\frac{完成數量}{總數量}\times100\%$$

2. 工作天數法：

進度以工程或作業已施工天數與總工期之百分比計量。

$$進度（\%）=\frac{已施工天數}{總工期}\times100\%$$

3. 工時法：

進度以工程或作業已耗工時與總工時之百分比計量。

$$進度（\%）=\frac{已耗工時}{總工時}\times100\%$$

4. 出工數法：

進度以作業已出工數量與總出工數量之百分比計量。

$$進度（\%）=\frac{已出工數量}{總出工數量}\times100\%$$

5. 工程價值法：

進度以工程或作業已完成工程價值與總工程價值之百分比計量，工程價值則依評估對象可為合約金額或實際成本。

$$進度（\%）=\frac{完成工程價值}{總工程價值}\times100\%$$

112年 公務人員高等考試三級考試試題／測量學

一、橫麥卡托投影主要是利用一截面為圓形的圓柱，橫套相切／割於地球以完成投影，如
下圖所示。請問此一投影方法與通用橫麥卡托投影（Universal Transverse Mercator,
UTM）主要的不同之處有那兩點？並請說明 UTM 這樣做的優點為何。（25 分）

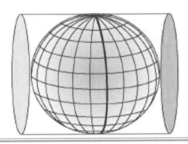

參考題解

橫麥卡托投影是麥卡托投影的衍生投影，是將圓柱垂直於地球自轉軸橫切地球任意經線，經
投影後將圓柱展開成平面。橫麥卡托投影的特點是保持了方向和形狀的等角性，也就是說，
地圖上任意兩點的方位角和實際方位角相同，而且任意一個小區域的形狀和實際形狀相似，
這些特點使得橫麥卡托投影適合用於航海、測量和軍事等領域。但以橫麥卡托投影製作的世
界地圖之缺點是在高緯度地區投影後的面積和距離變形很大，例如在格陵蘭島看起來比非洲
大得多，而實際上非洲的面積是格陵蘭島的 14 倍。因此 UTM 是在橫麥卡托投影的基礎下（都
是以圓柱橫套地球）進行修改，主要有下列不同之處：

（一）限縮投影範圍

橫麥卡托投影有南北方向距赤道愈遠變形愈大，東西方向距中央經線愈遠變形愈大之
缺點。因此 UTM 將投影範圍限縮在南緯 80 度至北緯 84 度之間，並將此投影範圍區
分成 60 個經度區間和 20 個緯度區間，每個經度區間為經度 6 度以數字 1～60 表示，
每個緯度區間為緯度 8 度以英文字母表示，形成基於橫麥卡托投影的網格系統，每個
網格均可標記位置。如此一來，每個 UTM 投影區間都可以使用一個本地橫麥卡托投
影來計算坐標，並且在每個投影區間的中心設置一個中央子午線，以減少變形。UTM
投影的特點是方便統一和準確表示位置，並且可以使用笛卡爾坐標系來表示方格坐標。
UTM 適合用於全球投影範圍內的定位和導航，但不適合用於製作世界地圖，因為它會
產生很多重複和斷裂的區域。

（二）將圓柱改以與地球相割的方式進行投影

　　橫麥卡托投影採以圓柱與地球相切的方式投影，投影後除了中央經線尺度比為 1 外，越往投影帶二側的投影尺度比會越大。為提高投影精度，UTM 改採半徑小於地球半徑之圓柱與地球相割的方式進行投影，如下圖，因此中央經線的投影尺度比是 0.9996，在中央經線的二側各有一條相切經線的尺度比為 1，在二條相切經線內側的投影尺度比小於 1，在二條相切經線外側的投影尺度大於 1，如此一來整個投影範圍內的尺度變形會較為均勻。

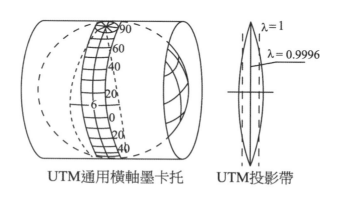

UTM通用橫軸墨卡托　　UTM投影帶

綜合上述，橫麥卡托投影與 UTM 投影的差別主要有以下幾點：

（一）橫麥卡托投影是一種單一的地圖投影法，而 UTM 投影是一種基於多個本地橫麥卡托投影的網格系統。

（二）橫麥卡托投影使用經度和緯度來表示位置，而 UTM 投影使用方格坐標來表示位置。

（三）橫麥卡托投影適合用於製作世界地圖，而 UTM 投影不適合用於製作世界地圖，但適合用於全球投影範圍內的定位和導航。

（四）橫麥卡托投影的面積和距離變形很大，而 UTM 投影的面積和距離變形相對較小。

二、已知 A 點的坐標 $N=100m$、$E=50m$，B 點的坐標 $N=200m$、$E=-100m$。為測量 C 點的坐標，吾人在 B 點架設全測站，經過多次量測獲得 $L=297.810\pm0.020m$、$\alpha=46°31'13''\pm10''$，試回答下列問題（角度請用度分秒來作答）：

（一）請問方位角 φ_{AB} 為何？（5 分）

（二）請問方位角 φ_{BC} 為何？方位角 φ_{BC} 的誤差為何？（5 分）

（三）請問 C 點坐標為何？C 點坐標的誤差為何？（15 分）

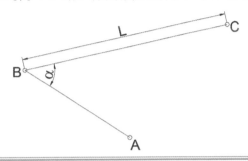

參考題解

（一）$\varphi_{AB} = \tan^{-1}\dfrac{-100-50}{200-100} + 360° = 303°41'24''$

（二）$\varphi_{BC} = \varphi_{BA} - \alpha = (\varphi_{AB} - 180°) - \alpha = (303°41'24'' - 180°) - 46°31'13'' = 77°10'11''$。

由於 A、B 二點坐標沒給誤差視為真值，故 φ_{AB} 亦視為無誤差之真值，則

$$\frac{\partial\varphi_{BC}}{\partial\alpha} = -1$$

$$M_{\varphi_{BC}} = \pm\sqrt{(\frac{\partial\varphi_{BC}}{\partial\alpha})^2 \times M_\alpha^2} = \pm\sqrt{(-1)^2 \times 10^2} = \pm10''$$

（三）$N_C = N_B + L\times\cos\varphi_{BC} = 200 + 297.810\times\cos77°10'11'' = 266.133m$

$$\frac{\partial N_C}{\partial L} = \cos\varphi_{BC} = \cos77°10'11'' = 0.22206$$

$$\frac{\partial N_C}{\partial\varphi_{BC}} = -L\times\sin\varphi_{BC} = -297.810\times\sin77°10'11'' = -290.374m$$

$$M_{N_C} = \pm\sqrt{(\frac{\partial N_C}{\partial L})^2 \times M_L^2 + (\frac{\partial N_C}{\partial\varphi_{BC}})^2 \times (\frac{M''_{\varphi_{BC}}}{\rho''})^2}$$

$$= \pm\sqrt{(0.22206)^2 \times 0.020^2 + (-290.374)^2 \times (\frac{10''}{\rho''})^2} = \pm0.015m$$

$E_C = E_B + L\times\sin\varphi_{BC} = -100 + 297.810\times\sin77°10'11'' = 190.374m$

$$\frac{\partial E_C}{\partial L} = \sin \varphi_{BC} = \sin 77°10'11'' = 0.97503$$

$$\frac{\partial E_C}{\partial \varphi_{BC}} = L \times \cos \varphi_{BC} = 297.810 \times \cos 77°10'11'' = 66.13281 m$$

$$M_{E_C} = \pm \sqrt{(\frac{\partial E_C}{\partial L})^2 \times M_L^2 + (\frac{\partial E_C}{\partial \varphi_{BC}})^2 \times (\frac{M''_{\varphi_{BC}}}{\rho''})^2}$$

$$= \pm \sqrt{(0.97503)^2 \times 0.020^2 + (66.13281)^2 \times (\frac{10''}{\rho''})^2} = \pm 0.020 m$$

三、如圖，試問：

（一）圖一至圖三分別為何種導線？並計算各導線的未知數數目和多餘觀測數。（10分）

（二）說明圖一導線型態的可供閉合（檢核）條件，並論述其觀測量的平差步驟或處理流程。（15分）

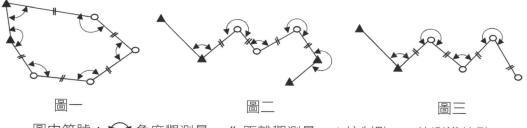

圖一　　　　　　　　圖二　　　　　　　　圖三

圖中符號：↰ 角度觀測量、⊬ 距離觀測量、▲控制點、○待測導線點

參考題解

（一）圖一和圖二為附合導線形式，圖三為自由導線形式。

　　圖一的觀測量數目為 11，未知數數目為 8，多餘觀測數 = 11 − 8 = 3。

　　圖二的觀測量數目為 9，未知數數目為 6，多餘觀測數 = 9 − 6 = 3。

　　圖三的觀測量數目為 8，未知數數目為 8，多餘觀測數 = 8 − 8 = 0。

（二）如下圖示。

　　角度閉合條件：[內角] = (6 − 2) × 180° = 720°

　　N 坐標閉合條件：[ΔN] = $N_A - N_B$

　　E 坐標閉合條件：[ΔE] = $E_A - E_B$

註：閉合導線的定義是出發點和終止點是同一個點，圖一是附合導線的特例。

四、某土地的形狀為三角形 ABC（如圖所示），使用全測站（total station）經過多次量測，獲得 $a = 12300.00 \pm 0.10m$、$b = 16800.00 \pm 0.20m$、$\alpha = 38°00'00'' \pm 30''$，試回答下列問題：

（一）請問土地的面積為何？面積的誤差為何？（15 分）

（二）請問 c 邊的邊長為何？已知地球半徑 6371 km，若進行 A 點至 B 點的三角高程測量，請問因地球曲率造成 A、B 兩點的高程差為何？（10 分）

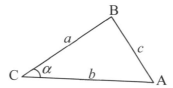

參考題解

（一）土地面積 $S = a \times b \times \sin\alpha = \dfrac{1}{2} \times 12300.00 \times 16800.00 \times \sin 38°00'00'' = 63610143.63 m^2$

$\dfrac{\partial S}{\partial a} = \dfrac{1}{2} \times b \times \sin\alpha = \dfrac{1}{2} \times 16800.00 \times \sin 38°00'00'' = 5171.56m$

$\dfrac{\partial S}{\partial b} = \dfrac{1}{2} \times a \times \sin\alpha = \dfrac{1}{2} \times 12300.00 \times \sin 38°00'00'' = 3786.32m$

$\dfrac{\partial S}{\partial \alpha} = \dfrac{1}{2} \times a \times b \times \cos\alpha = \dfrac{1}{2} \times 12300.00 \times 16800.00 \times \cos 38°00'00'' = 81417271.06\, m^2$

面積誤差 $M_S = \pm\sqrt{(\dfrac{\partial S}{\partial a})^2 \times M_a^2 + (\dfrac{\partial S}{\partial b})^2 \times M_b^2 + (\dfrac{\partial S}{\partial \alpha})^2 (\dfrac{M_\alpha''}{\rho''})^2}$

$\qquad = \pm\sqrt{(5171.557)^2 \times 0.10^2 + (3786.318)^2 \times 0.20^2 + (81417271.063)^2 \times (\dfrac{30''}{\rho''})^2}$

$\qquad = \pm 11877.10 m^2$

（二）$c = \sqrt{a^2 + b^2 - 2 \times a \times b \times \cos\alpha}$

$\qquad = \sqrt{12300.00^2 + 16800.00^2 - 2 \times 12300.00 \times 16800.00 \times \cos 38°00'00''}$

$\qquad = 10385.61\, m$

因地球曲率造成 A、B 兩點的高程差為 $\dfrac{S^2}{2R} = \dfrac{10385.61^2}{2 \times 6371000} = 8.46m$

單元 **2** 公務人員普考

112年 公務人員普通考試試題／工程力學概要

一、下圖之結構，水平力 800 N 作用於 A 點，使得 AC 桿產生 1000 N 的壓力，則 AB 桿及
AC 桿之夾角 θ＝？又 AB 桿的內力 F_{AB}＝？（25 分）

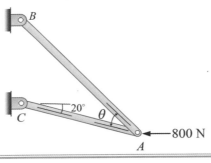

參考題解

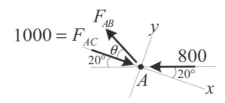

（一）$\sum F_x = 0$，$800 \times \cos 20° + F_{AB} \times \cos\theta = 1000 \Rightarrow F_{AB} \times \cos\theta = 248.25$........①

$\sum F_y = 0$，$800 \times \sin 20° = F_{AB} \times \sin\theta \Rightarrow F_{AB} \times \sin\theta = 273.62$.......②

（二）$\dfrac{②}{①} \Rightarrow \dfrac{F_{AB}\sin\theta}{F_{AB}\cos\theta} = \dfrac{273.62}{248.25} \Rightarrow \tan\theta = 1.102 \ \therefore \theta = 47.78°$

（三）將 θ 帶回①式 $\Rightarrow F_{AB} \times \cos\theta^{47.78°} = 248.25 \ \therefore F_{AB} = 369.43\,N$

二、有一重量為 w 之物體掛在 E 點，如下圖所示。下圖之系統是由五條不伸長之繩索所組成，若每條繩索之最大張力為 500 N，則此系統能支撐物體之最大重量 w_{max} 為多少？（25 分）

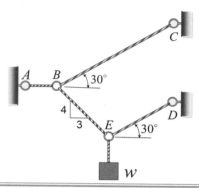

參考題解

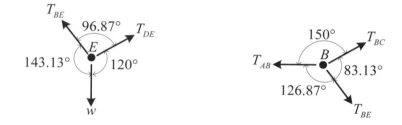

（一）E 節點

$$\frac{T_{BE}}{\sin 120°} = \frac{T_{DE}}{\sin 143.13°} = \frac{w}{\sin 96.87°} \Rightarrow \begin{cases} T_{BE} = \dfrac{\sin 120°}{\sin 96.87°} w = 0.8723w \\ T_{DE} = \dfrac{\sin 143.13°}{\sin 96.87°} w = 0.6043w \end{cases}$$

（二）B 節點

$$\frac{T_{AB}}{\sin 83.13°} = \frac{T_{BC}}{\sin 126.87°} = \frac{T_{BE}}{\sin 150°} \Rightarrow \begin{cases} T_{AB} = \dfrac{\sin 83.13°}{\sin 150°} T_{BE}^{\,0.8723w} = 1.7321w \; \text{☜control} \\ T_{BC} = \dfrac{\sin 126.87°}{\sin 150°} T_{BE}^{\,0.8723w} = 1.3957w \end{cases}$$

（三）當 $T_{AB} = 500N \Rightarrow 1.7321w = 500 \therefore w = 288.67 \ N$

三、下圖之結構，均質桿件 AB 是剛體，長 $L = 3\,m$，重 $w = 8\,kN$；電纜（cable）AC 的截面積 $A = 10\,mm^2$，楊氏模數 $E = 120\,GPa$，柏松比（Poisson's ratio）$v = 0.3$。試求平衡時電纜 AC 之伸長量 δ_{AC} 及其側向應變（Lateral strain）ε'_{AC}。（25 分）

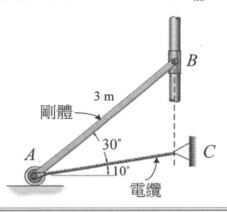

參考題解

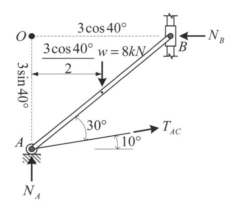

（一）$\sum M_O = 0$，$8 \times \dfrac{3 \times \cos 40°}{2} = \left(T_{AC} \times \cos 10°\right) \times 3 \sin 40°$ $\therefore T_{AC} = 4.841\,kN$

（二）$L_{AC} \times \cos 10° = 3 \times \cos 40°$ $\Rightarrow L_{AC} = 2.334\,m = 2334\,mm$

$$\delta_{AC} = \frac{T_{AC} L_{AC}}{EA} = \frac{\left(4.841 \times 10^3\right)(2334)}{\left(120 \times 10^3\right)(10)} = 9.42\,mm$$

（三）$\varepsilon'_{Ac} = -v\varepsilon_{AC} = -0.3 \times \dfrac{9.42}{2334} = -0.00121$

四、圖(a)所示之簡支梁 AB，長 L = 320 mm，承受 10 N/m 之自重，在梁中點之集中載重 P。

梁 AB 是由三片相同材料之板粘接而成的，截面如圖(b)所示，截面對 z 軸之慣性矩 I = 67,500 mm⁴。若粘接面之允許剪應力 τ_{allow} = 0.3 MPa；梁之允許彎曲應力（bending stress）

σ_{allow} = 8 MPa。試求最大允許集中載重 P_{allow} 之大小。（25 分）

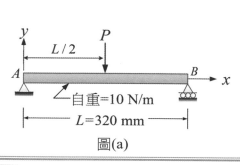

圖(a)

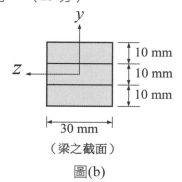

（梁之截面）

圖(b)

參考題解

（一）彎曲應力檢核

$$\sigma_{\max} = \frac{M_{\max}}{S} = \frac{128 + 80P}{\frac{1}{6} \times 30 \times 30^2}$$

$$\sigma_{\max} \leq \sigma_a \Rightarrow \frac{128 + 80P}{\frac{1}{6} \times 30 \times 30^2} \leq 8$$

$$\Rightarrow P \leq 448.4 \, N$$

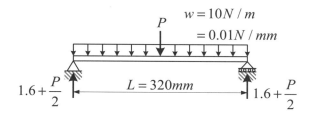

（二）膠結處剪應力檢核

$$\tau = \frac{VQ}{Ib} = \frac{\left(1.6 + \frac{P}{2}\right)[10 \times 30 \times 10]}{67500 \times 30}$$

$$= \frac{1.6 + \frac{P}{2}}{675}$$

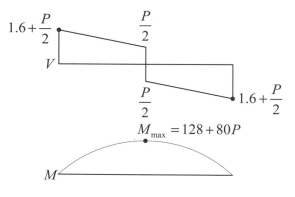

$$\tau \leq \tau_a \Rightarrow \frac{1.6 + \frac{P}{2}}{675} \leq 0.3 \Rightarrow P \leq 401.8 \, N$$

（三）綜合（一）（二）可知，$P_{allow} = 401.8 \, N$

112年 公務人員普通考試試題／結構學概要與鋼筋混凝土學概要

※「鋼筋混凝土學概要」依據與作答規範：內政部營建署「混凝土結構設計規範」（內政部
110.03.02 台內營字第 1100801841 號令）。未依上述規範作答，不予計分。

一、如圖示平面桁架（truss）在 A 點設有鉸支承（pin support）而 C 點為滾支承（roller），
且作用在 F 點的水平向外力 $P_1 = 9$ kN，而作用在 B 點的垂直向外力 $P_2 = 15$ kN。

（一）試找出上述桁架中不受力的構件，
即所謂的零力桿件（zero-force
member (s)）。（15 分）

（二）試說明零力桿件存在之必要性或
所可能發揮的作用。（10 分）

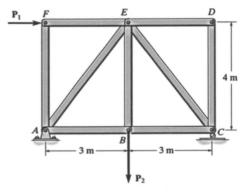

參考題解

（一）零力桿：AF、CD、DE 桿

（二）零桿為受力時，桿件內力恰為零之桿件，不可將其隨意
去除，否則在其他受力情況時結構將無法維持穩定平
衡，其發揮的作用為：

1. 縮短桿件長度，降低桿件挫曲的可能。

2. 提供該處側撐的束制功能。

3. 避免該處產生不必要的位移。

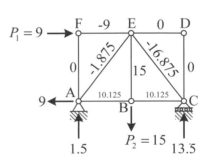

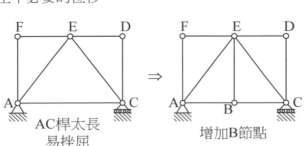

二、已知簡支梁的長度 L，材料楊氏係數 E，斷面二次矩 I，且 EI 為常數。不考慮結構自重影響。

（一）試以共軛梁法推導圖示簡支梁一端受彎矩 M_0 作用時中點（$x = L/2$）變位大小 Δ $= M_0L^3 / (16\,EI)$。（15 分）

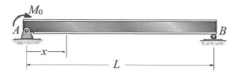

（二）試以疊加法決定圖示簡支梁兩端受相反向彎矩 M_0 作用時的梁中點變位大小。

（10 分）

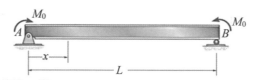

參考題解

（一）對共軛梁整體取 $\sum M_A = 0$

$$\Rightarrow \frac{1}{2}\frac{M_0}{EI} \times L \times \frac{L}{3} = \overline{R}_B \times L \quad \therefore \overline{R}_B = \frac{1}{6}\frac{M_0 L}{EI}$$

（二）切開共軛梁中點 C，取出 BC 段 $\sum M_C = 0$

$$\Rightarrow \left(\frac{1}{2} \times \frac{M_0}{2EI} \times \frac{L}{2}\right)\left(\frac{L}{2} \times \frac{1}{3}\right) + \overline{M}_C = \overline{R}_B \underset{\frac{1}{6}\frac{M_0 L}{EI}}{} \times \frac{L}{2}$$

$$\therefore \overline{M}_C = \frac{1}{16}\frac{M_0 L^2}{EI} \Rightarrow \Delta_C = \frac{1}{16}\frac{M_0 L^2}{EI} \quad (\downarrow)$$

（三）$\Delta_C = \frac{1}{16}\frac{M_0 L^2}{EI} + \frac{1}{16}\frac{M_0 L^2}{EI} = \frac{1}{8}\frac{M_0 L^2}{EI} \quad (\downarrow)$

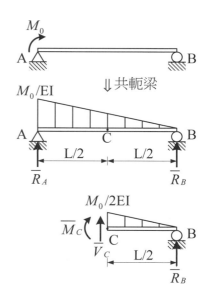

【備註】題目給的 $\Delta = \frac{1}{16}\frac{M_0 L^3}{EI}$ 有誤，應為 $\Delta = \frac{1}{16}\frac{M_0 L^2}{EI}$

三、一單筋矩形鋼筋混凝土梁，斷面寬 b，深度 h，有效深度 d，混凝土抗壓強度 f'_c，鋼筋降伏應力 f_y，請依現行規範說明單筋梁的最大與最小鋼筋比，以及此規定的目的？（25 分）

參考題解

（一）最大鋼筋比（量）

1. 規範規定：$\varepsilon_t \geq 0.004$

   規範 401-100 以 $\varepsilon_t \geq 0.004$ 來「限制住梁斷面能使用的最大鋼筋量 $A_{s,\max}$」，將 $A_{s,\max}$ 除以 $b_w d$ 即為最大鋼筋比規定。

2. 最大鋼筋比（量）規定目的：

   斷面若配置過量鋼筋，在鋼筋降伏前，斷面就會先產生混凝土的壓碎破壞，屬於沒有預警性的破壞行為。

   規範用 ε_t 來限制鋼筋使用量上限，等於變相強迫設計出來的斷面必須有一定的斷面延展性（斷面韌性）。

（二）最小鋼筋比（量）

1. 規範規定：$\rho_{s,\min} = \dfrac{A_{s,\min}}{b_w d} = \left[\dfrac{14}{f_y} , \dfrac{0.8\sqrt{f'_c}}{f_y} \right]_{\max}$

2. 最小鋼筋比（量）規定目的：

   以「強度設計法」設計出來的鋼筋量 A_s 太少，可能造成計算出來的 $M_n < M_{cr}$（意即斷面尚未開裂，鋼筋就已經降伏），這種斷面的力學行為相當於「無配置鋼筋的純混凝土斷面」，會有突發性的無預警破壞。

四、一單筋矩形鋼筋混凝土梁，斷面寬 30 cm，有效深度 40 cm，試求平衡鋼筋比 ρ_b。（ f_c' = 280 kgf/cm²， f_y = 4200 kgf/cm²）（25 分）

參考題解

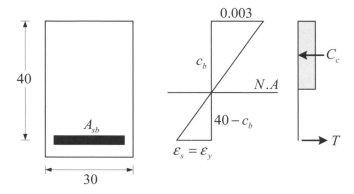

（一）中性軸位置（此處以 $\varepsilon_y = 0.002$ 計算）

$$\frac{c_b}{0.003} = \frac{40 - c_b}{\varepsilon_y} \Rightarrow c_b = \frac{0.003}{0.003 + \varepsilon_y} d = \frac{3}{5} d^{40} = 24 \ cm$$

（二）計算平衡鋼筋量 A_{sb}

$$C_c = T \Rightarrow 0.85 f_c' ba = A_{sb} fy \Rightarrow 0.85 \times 280 \times 30 \times (0.85 \times 24) = A_{sb} \times 4200$$

$$\therefore A_{sb} = 34.68 \ cm^2$$

（三）計算平衡鋼筋比 ρ_b

$$\rho_b = \frac{A_{sb}}{bd} = \frac{34.68}{30 \times 40} = 0.0289$$

112年 公務人員普通考試試題／土木施工學概要

> 一、一般混凝土工程施工自主檢查表中之檢查項目，請問就設計圖說、規範之檢查標準，
>   表中應至少包含那些項目並請說明該項目之細項？（25 分）

參考題解

依公共工程委員會「公共工程品質管理訓練班教材」混凝土工程施工自主檢查表中規定檢查
項目與細項，說明於下：

檢查項目	細　項 設計圖說、規範之檢查標準（定量定性）
澆置準備	澆置數量與順序
	泵送車、作業人員、震動棒足夠
	澆置前模板內清潔
	模板濕潤狀態
	照明設備
預拌混凝土運輸	1. 輸送途中保持攪動者不得超過 90 分鐘。 2. 途中未加攪動者不得超過 30 分鐘。
卸料檢查	1. 外觀無異常狀態。 2. 泵浦車卸料處是否加水。
混凝土試體製作	坍度檢驗 　　5 cm 以下 ± 1.5 cm 　　5~10 cm ± 2.5 cm 　　10 cm 以上 ± 3.8 cm
	混凝土溫度 10°C~32°C
	氯離子含量＜0.15 kg/m^3
	試體取樣　　車　　　組 　　　　　　　車　　　組 　　　　　　　車　　　組

檢查項目	細　項 設計圖說、規範之檢查標準（定量定性）
澆置搗實	震動棒震動是否造成粒料分離？
	模板震動機震動間隔？
	使用經核可之外模震動器
	混凝土自由落下高度＜200 cm
養護	混凝土表面濕潤狀態良好（7 日）
	不得有荷重

二、公共工程常參考公共工程委員會之「公共工程施工品質管理作業要點」執行品管作業，
　　請問監造單位及其所派駐現場人員就執行品管作業之工作重點為何？（25 分）

參考題解

依公共工程委員會「公共工程施工品質管理作業要點」第十一條之規定：

監造單位及其所派駐現場人員工作重點如下：

（一）訂定監造計畫，並監督、查證廠商履約。

（二）施工廠商之施工計畫、品質計畫、預定進度、施工圖、施工日誌、器材樣品及其他送
　　　審案件之審核。

（三）重要分包廠商及設備製造商資格之審查。

（四）訂定檢驗停留點，辦理抽查施工作業及抽驗材料設備，並於抽查（驗）紀錄表簽認。

（五）抽查施工廠商放樣、施工基準測量及各項測量之成果。

（六）發現缺失時，應即通知廠商限期改善，並確認其改善成果。

（七）督導施工廠商執行工地安全衛生、交通維持及環境保護等工作。

（八）履約進度及履約估驗計價之審核。

（九）履約界面之協調及整合。

（十）契約變更之建議及協辦。

（十一）機電設備測試及試運轉之監督。

（十二）審查竣工圖表、工程結算明細表及契約所載其他結算資料。

（十三）驗收之協辦。

（十四）協辦履約爭議之處理。

（十五）依規定填報監造報表。

（十六）其他工程監造事宜。

前項各款得依工程之特性及實際需要，擇項訂之。如屬委託監造者，應訂定於招標文件內。

三、若有一橋梁上部結構採用後拉式預力 I 型梁，每支梁之跨距數十公尺，請問此預力梁施工之主要施工步驟及要領為何？（25 分）

參考題解

（一）主要施工步驟

1. 施工前準備工作。
2. 工作場地之佈置。
3. 預力梁台之製作。
4. 模板製作。
5. 預力鋼鍵套管之安裝。
6. 灌鑄混凝土。
7. 預力鋼鍵之施拉預力。
8. 套管灌漿。

（二）施工要領

依公共工程委員會「橋梁工程整體施工計畫製作綱要－橋梁分項工程施工計畫參考例」之規定，說明於下：

施工項目	施工要領
施工前準備工作	審核協力廠商提送之施工人員資格證明及詳細施工計畫書是否符合工程需求（包括工法作業順序及步驟說明、機具及配置圖、鋼筋施工、模版施工、預力計算及施拉計畫書、預力系統材料試驗及現場 μ、κ 測試計畫書及人員編組施工時程）。
工作場地之佈置	預力梁工作場地選擇地基堅實，平整便於運梁，施工容易，管理簡單，並避免受颱風、大雨沖倒等天然意外所引起災害之地點。
預力梁台之製作	1. 製作台須為平整、不易變形及沉陷。 2. 梁地整平鋪一層級配，且梁頭以 210 kg/cm^2 混凝土作基礎。
模板製作	1. 底模、側模及端模所用材料均須符合規定。 2. 先組立底模及端模，待鋼筋綁紮及套管置放完成經查驗後，方施作側模及側撐。
預力鋼鍵套管之安裝	1. 預力鋼鍵不得沾有油脂、石粉、黏土、髒物、油漆及浮銹等雜物，以免影響鋼鍵與水泥漿間之結合力。 2. 鋼鍵及套管應避免扭結、曲折及相互糾纏。 3. 套管各束控制點間距以 1 M 為宜，須詳細計算定出斷面位置之座標，並以 13 mm 鋼筋支承固定於箍筋上。

施工項目	施工要領
	4. 鋼鍵之兩端及中央高處須配置通氣管，管口須伸出梁頂位置約 15 cm 以上，並加以固定，管口需加以包紮，避免異物進入堵塞。 5. 套管接頭應以防水膠布確實包紮，以免澆注混凝土時漏漿，影響日後施拉預力工作。 6. 使用穿線機穿線時，每一根線之線頭部份皆須以膠布包裹或是以梭型套筒套裝，以使鋼鍵易於穿過並防止刺穿套管。 7. 錨錐及鋼鍵均採用符合設計規定並附試驗及出廠證明等資料。
灌鑄混凝土	1. 灌鑄混凝土前須先準備內模振動機二部以上，外模振動機二部以上，鏝刀、坍度計一組，試體模六個以上，並檢查碎石篩分析，是否合於配比要求及細粒料含水量等。 2. 澆置時溫度不可超過 30℃，並分四層為之，自梁一端向另一端進行，並以內外各二部震動機為之，不可有冷縫情形產生，震動機使用須注意不得碰觸鋼鍵，並須注意在鋼鍵間、梁頭部份須充份澆注搗實。 3. 混凝土養護自表面水消失後開始，以自動噴水持續養護七天或噴灑養護劑養護。
預力鋼鍵之施拉預力	1. 預力梁施預力的拉線順序，需詳細計算總拉力、伸長量。混凝土強度須達 280 kg/cm² 以上，方可施預力。 2. 施預力之機具須經合格檢驗單位檢驗及校正。 3. 梁兩端同時施拉力，人員不可在機具正後方，兩端拉力力求一致，滑動量必仔細量得，若會影響有效預力時，須考慮加大所施之預力。
套管灌漿	1. 施預力後須於 48 小時內進行灌漿。 2. 灌漿前須以高壓水沖洗並以高壓空氣排除積水。 3. 如有排氣管之設置，於灌漿作業進行前須要打開。

四、山區岩石隧道施工，承包商最基本的施工紀錄應包含那些項目？（25分）

參考題解

（一）公共工程施工日誌之規定紀錄項目

依公共工程委員會「公共工程施工品質管理作業要點」附表四

公共工程施工日誌之規定紀錄項目，列舉於下：

1. 進度相關資訊：

　　（1）核定工期　　　　（5）開工日期

　　（2）累計工期　　　　（6）完工日期

　　（3）剩餘工期　　　　（7）預定進度

　　（4）工期展延天數　　（8）實際進度

2. 依施工計畫書執行按圖施工概況（含約定之重要施工項目及完成數量等）。

3. 工地材料管理概況（含約定之重要材料使用狀況及數量等）。

4. 工地人員及機具管理（含約定之出工人數及機具使用情形及數量）。

5. 本日施工項目是否有須依「營造業專業工程特定施工項目應置之技術士種類、比率或人數標準表」規定應設置技術士之專業工程。

6. 工地職業安全衛生事項之督導、公共環境與安全之維護及其他工地行政事務：

　　（1）施工前檢查事項：

　　　　①實施勤前教育（含工地預防災變及危害告知）。

　　　　②確認新進勞工是否提報勞工保險（或其他商業保險）資料及安全衛生教育訓練紀錄。

　　　　③檢查勞工個人防護具。

　　（2）其他事項。

7. 施工取樣試驗紀錄。

8. 通知協力廠商辦理事項。

9. 重要事項紀錄。

10. 簽名。

（二）重要事項紀錄之項目

前述施工日誌中重要事項紀錄之項目，另依公共工程委員會「施工綱要規範第 02402 章隧道施工通則」之規定，列舉於下：

1. 承包商應每日記錄項目：

（1）每輪開挖時間、炸藥用量及開炸佈孔圖。

（2）開挖斷面大小。

（3）開挖長度。

（4）樁號。

（5）支撐系統構材位置、施作時間及數量等。

2. 隧道開挖過程中，承包商須設專職地質記錄人員會同工程司代表，詳細記錄項目：隧道開挖全程所觀測到之地質情況，繪製地質圖（包含隧道展開圖及剖面圖），及附開挖裸露面之地質照片。

3. 承包商應立即通知工程司代表：開挖後實際地質情形與預期者有所出入或有急劇變化時。

一、臺灣現行於地籍測量所採用的坐標系統主要仍為 TWD67 與 TWD97，請説明這兩種坐標系統在架構上的主要差異？同一地點若同時具備 TWD67 與 TWD97 的投影坐標，請問兩種坐標值在 E、N 方向大概各相差了多少？（25 分）

參考題解

（一）TWD67 與 TWD97 兩種坐標系統在架構上的主要差異如下表：

架構	TWD67 坐標系統	TWD97 坐標系統
參考橢球體	GRS67	GRS80
基準形式	1. 區域性非地心大地坐標基準 2. 屬固定式基準	1. 全球性地心大地坐標基準 2. 屬半動態基準
維度	二維	三維
平面坐標計算	以虎子山三角點為原點推算坐標	以 ITRF 坐標框架推算坐標
高程系統	正高系統	正高系統及橢球高系統
地圖投影之平面直角坐標	僅台灣本島採中央經線為 121°E 之 2°TM 投影坐標。	台灣、琉球嶼、綠島、蘭嶼和龜山島等地區採中央子午線為 121°E 之 2°TM 投影坐標。 澎湖、金門與馬祖地區採中央子午線為 119°E 的 2°TM 投影坐標。 東沙地區採中央子午線為 117°E 的 2°TM 投影坐標。 南沙地區採中央子午線為 115°E 的 2°TM 投影坐標。

（二）同一地點若同時具備 TWD67 與 TWD97 的投影坐標，則這兩種坐標值在 E 方向（橫坐標）大概相差了 828 公尺，在 N 方向（縱坐標）大概相差了 207 公尺。TWD67 與 TWD97 坐標概略換算關係式如下：

TWD67 E 坐標 = TWD97 E 坐標 $- 828\ m$

TWD67 N 坐標 = TWD97 N 坐標 $+ 207\ m$

二、利用全測站進行下圖之導線測量，所獲得各角之觀測數據分別為 $\angle A = 89°57'39''$、
$\angle B = 90°07'52''$、$\angle C = 89°53'23''$、$\angle D = 90°0'58''$；此外，各邊長的觀測數據分別為
$AB = 100.035\,m$、$BC = 129.812\,m$、$CD = 100.242\,m$、$DA = 129.861\,m$。請分別計算下列
問題：

（一）本導線之折角閉合差為何？（5 分）

（二）本導線之位置閉合差為何？（15 分）

（三）本導線之閉合比數為何？（5 分）

參考題解

（一）折角閉合差 $f_w = (89°57'39'' + 90°07'52'' + 89°53'23'' + 90°00'58'') - (4-2) \times 180° = -8''$

（二）設 AB 邊方位角為 $\phi_{AB} = 0°$，則其餘各邊之方位角推算如下：

$$\phi_{BC} = \phi_{BA} + \angle B = \phi_{AB} + 180° + \angle B = 0° + 180° + 90°07'52'' = 270°07'52''$$

$$\phi_{CD} = \phi_{CB} + \angle C = \phi_{BC} - 180° + \angle C = 270°07'52'' - 180° + 89°53'23'' = 180°01'15''$$

$$\phi_{DA} = \phi_{DC} + \angle D = \phi_{CD} - 180° + \angle D = 180°01'15'' - 180° + 90°00'58'' = 90°02'13''$$

$$
\begin{aligned}
W_N &= \Delta N_{AB} + \Delta N_{BC} + \Delta N_{CD} + \Delta N_{DA} \\
&= AB \times \cos\phi_{AB} + BC \times \cos\phi_{BC} + CD \times \cos\phi_{CD} + DA \times \cos\phi_{DA} \\
&= 100.035 \times \cos 0° + 129.812 \times \cos 270°07'52'' + 100.242 \times \cos 180°01'15'' + 129.861 \times \cos 90°02'13'' \\
&= +0.006\,m
\end{aligned}
$$

$$
\begin{aligned}
W_E &= \Delta E_{AB} + \Delta E_{BC} + \Delta E_{CD} + \Delta E_{DA} \\
&= AB \times \sin\phi_{AB} + BC \times \sin\phi_{BC} + CD \times \sin\phi_{CD} + DA \times \sin\phi_{DA} \\
&= 100.035 \times \sin 0° + 129.812 \times \sin 270°07'52'' + 100.242 \times \sin 180°01'15'' + 129.861 \times \sin 90°02'13'' \\
&= +0.013m
\end{aligned}
$$

位置閉合差 $W_S = \sqrt{W_N^2 + W_E^2} = \sqrt{0.006^2 + 0.013^2} = 0.014\,m$

（三）$[S] = 100.035 + 129.812 + 100.242 + 129.861 = 459.950\,m$

$$閉合比數 = \frac{W_S}{[S]} = \frac{0.014}{459.950} = \frac{1}{32584}$$

三、如圖，已知一灌溉埤塘之等深線分布，等深線間隔為 5 公尺，最深點之深度為 –20 公尺。各等深線包絡之面積如下表：

等深線（m）	面積（m²）
0	420
–5	270
–10	150
–15	67
–18	37
–20	17

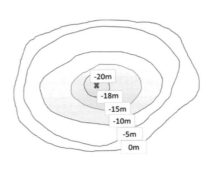

試問：

（一）以辛普森公式（稜柱體法）和梯形公式（平均斷面法）計算該埤塘的總蓄水量。（15 分）

（二）該埤塘的取水口位於深度 –18 公尺，此深度以下非有效蓄水量，以梯形公式（平均斷面法）計算該埤塘的有效蓄水量。（10 分）

參考題解

（一）辛普森公式計算總蓄水量：

因 –15 m、–18 m 和 –20 m 三條等深線之高差並非 5 m 常數值，故僅 0 m、–5 m 和 –10 m 三條等深線可以採用辛普森公式，其餘採用梯形公式計算，在不考慮 –20 m 等深線與最低點之間的土方量，則

$$V = \frac{5}{3}(420 + 4 \times 270 + 150) + \frac{5}{2}(150 + 67) + \frac{3}{2}(67 + 37) + \frac{2}{2}(37 + 17) = 3502.5 \ m^3$$

梯形公式計算總蓄水量：

在不考慮 –20 m 等深線與最低點之間的土方量，則

$$V = \frac{5}{2}(420 + 270) + \frac{5}{2}(270 + 150) + \frac{5}{2}(150 + 67) + \frac{3}{2}(67 + 37) + \frac{2}{2}(37 + 17) = 3527.5 \ m^3$$

（二）因 –18 m 等深線以下為非有效蓄水量，故有效蓄水量計算至 –18 m 處，即

$$V = \frac{5}{2}(420 + 270) + \frac{5}{2}(270 + 150) + \frac{5}{2}(150 + 67) + \frac{3}{2}(67 + 37) = 3473.5 \ m^3$$

四、利用 GNSS 技術進行快速且高精度的定位已相當成熟，請分別繪圖說明即時動態定位
（Real Time Kinematic, RTK）及 e-GNSS 的定位原理及架構，並請說明相較於 RTK，
e-GNSS 主要有那些優點？（25 分）

參考題解

（一）RTK 定位原理及架構

如圖一，RTK 由基準站、移動站和無線電通訊設備組成。定位原理是在已知點架設 GNSS
接收儀為基準站並接收記錄載波觀測量，在待定點架設 GNSS 接收儀為移動站並接收
記錄載波觀測量，基準站將載波觀測量利用無線電設備即時傳送至移動站，再由移動站
整合基準站和本身接收的載波觀測量直接進行相對定位計算獲得待定點的坐標。

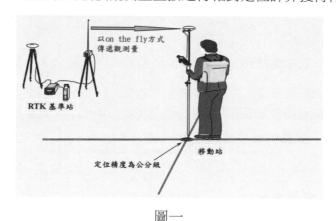

圖一

（二）e-GNSS 定位原理及架構（以國土測繪中心的 VBS-RTK 為例）

如圖二，e-GNSS 架構如下：

1. 服務區內一定距離間隔的基準站。

2. 控制及計算中心。

3. 可傳輸資料的無線網路（GSM 或 GPRS）設備。

4. 可與控制及計算中心進行網路連線的衛星接收儀。

5. 可組成虛擬 RTK 基準站的觀測資料及進行「超短基線」RTK 定位解算的軟體。

e-GNSS 的工作原理如下：

1. 基準站全天候連續接收衛星資料，並透過網路或其它通訊設備將資料傳輸至控制及
計算中心後，將各基站觀測資料加以處理，建立區域性系統誤差模型。

2. 使用者透過無線網路（GSM、GPRS）傳送給控制及計算中心的移動站單點定位導航解坐標及接收的衛星資料，控制及計算中心便根據導航解坐標於移動站附近虛擬一個 RTK 基準站，並就最近基準站資料及區域性系統誤差模型進行即時內插處理，再組成虛擬基準站（VBS）的 RTK 觀測資料。

3. 進行虛擬基準站與移動站之間的超短基線 RTK 計算，並將計算得到之移動站坐標透過無線網路回傳給使用者。

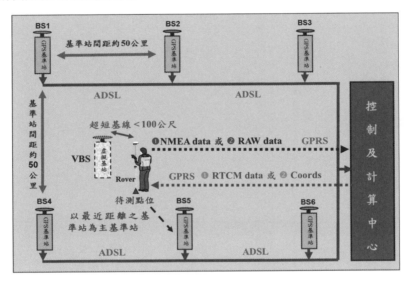

圖二

（三）相較於 RTK 定位方式，e-GNSS 定位主要有下列優點：

1. 覆蓋範圍較大：一般 RTK 採單一基準站，其基線施測有效範圍約為 10 公里；而 e-GNSS 由多個基準站構成服務範圍，僅以三個基準站構成的三角形服務範圍便可達約 2200 平方公里。

2. 定位精度較均勻：RTK 定位精度會隨著距離增加而降低，而 e-GNSS 定位在服務範圍內的定位精度始終保持在 2 公分。

3. 定位初始化時間不因距離增長而增加。

4. 定位可靠性較高：e-GNSS 採用多個基準站的聯合資料，大大地提高了可靠性。

5. 定位成果皆在相同的坐標框架下。

6. 定位方便性較高：單機作業，使用者僅需一套可無線上網的接收儀便可進行定位工作，無須無線電設備和基準站設備。

7. 成本較低：僅需訊號使用費，無須採購昂貴的無線電設備和基準站設備。

參考來源：內政部國土測繪中心。

土木技師 專技高考

112年 專門職業及技術人員高等考試試題／
結構設計（包括鋼筋混凝土設計與鋼結構設計）

※ 第一題及第二題之依據與作答規範：中國土木水利工程學會「混凝土工程設計規範與解說」
（土木 401-110）

一、有一鋼筋混凝土結構其樓層平面圖如下圖左所示，請依序回答下列問題：

（一）請試述 I、II、III 區之樓版各須採單向版或雙向版設計。（5 分）

（二）目標 T 型梁以斜線標示，斷面如下圖右所示，試求其第 II 跨之有效版寬。（5 分）

（三）該連續梁經分析，其支承處之節點負彎矩經載重組合後如下表，若要求全梁負彎矩只採單一臨界值設計，且要求全梁各斷面皆以拉力控制滿足撓曲強度需求（$\phi = 0.90$），混凝土強度 $f'_c = 280 \ \text{kgf/cm}^2$，鋼筋中心保護層厚度均為 6.5 cm，單論此梁支承處之撓曲設計，請證明不配置下緣鋼筋亦可滿足強度需求。（15 分）

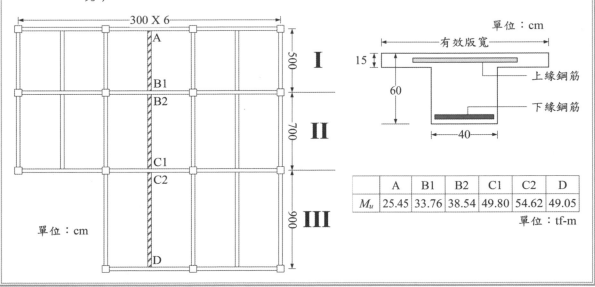

	A	B1	B2	C1	C2	D
M_u	25.45	33.76	38.54	49.80	54.62	49.05

單位：tf-m

參考題解

（一）單向版、雙向版設計判斷

樓版若其長邊大於短邊之二倍時，則其力學行為如單向版

Ⅰ 區樓版　　$\dfrac{長邊}{短邊} = \dfrac{500}{300} = 1.67 < 2 \rightarrow$ **雙向版設計**

Ⅱ 區樓版　　$\dfrac{長邊}{短邊} = \dfrac{700}{300} = 2.33 > 2 \rightarrow$ **單向版設計**

Ⅲ 區樓版　　$\dfrac{長邊}{短邊} = \dfrac{900}{300} = 3.0 > 2 \rightarrow$ **單向版設計**

（二）雙翼 T 型梁有效翼緣寬 b_e 計算

$$b_e = \left(\frac{l_n}{4} + b_w , \ \frac{\sum s_w}{2} + b_w , \ 16 h_f + b_w\right)_{min}$$

$$= \left(\frac{660}{4} + 40 , \ \frac{260}{2} + \frac{260}{2} + 40 , \ 16 \times 15 + 40\right)_{min}$$

$$= \left(205 , \ 300 , \ 280\right)_{min} = \mathbf{205 \ cm}$$

假設：

1. 所有梁腹寬度 $b_w = 40 \ cm$

2. 目標 T 型梁居中

其中：

1. 梁淨跨度 $l_n = 700 - 40 = 660 \ cm$

2. 相鄰梁腹之淨距 $s_w = 300 - 40 = 260 \ cm$

3. 翼版厚度 $h_f = 15 \ cm$

（三）題意

1. 全梁負彎矩採單一臨界值設計 $M_u = 54.62 \ tf - m$

2. 全梁各斷面以拉力控制設計 $\phi = 0.9$

　　$f_c' = 280 \ kgf/cm^2$ 　　　$d = 60 - 6.5 = 53.5 \ cm$

　　假設鋼筋 $f_y = 4200 \ kgf/cm^2$

拉力控制界限 $\varepsilon_t = \varepsilon_y + 0.003 = 0.005$，中性軸位於 $x = \dfrac{3d}{8} = 20.06 \ cm$

1. $C_c = 0.85 f_c' ba = 0.85 \times 280 \times 40 \times 0.85x = 162326 \ kgf$

2. $M_n = C_c \left(d - \dfrac{a}{2}\right) = 162326 \left(53.5 - \dfrac{0.85 \times 20.06}{2}\right)$

$$= 7300531 \ kgf - cm = 73.01 \ tf - m$$

$$\phi M_n = 0.9 \times 73.01 = 65.7 > M_u = 54.62 \, tf - m \quad OK\sim$$

3.　不配下緣鋼筋，亦可滿足強度需求。

【補充說明一】

假設鋼筋 $f_y = 4200 \, kgf/cm^2$，設計鋼筋量

假設平衡時，中性軸位於 x，此時拉力筋降伏

4.　$C_c = 0.85 f_c' ba = 0.85 \times 280 \times 40 \times 0.85x = 8092x \, kgf$

　　$T = A_s f_y = 4200 A_s \, kgf$

5. $M_n = C_c \left(d - \dfrac{a}{2} \right) = 8092x \left(53.5 - \dfrac{0.85x}{2} \right) = \dfrac{M_u}{\phi} = 6068889 \, kgf - cm$

　　$\rightarrow x = 16.07 \, cm$

6. check：$\varepsilon_t = \dfrac{d - x}{x} \times 0.003 = 6.988 \times 10^{-3} > \varepsilon_y \quad OK\sim$

　　　　　$\varepsilon_t \geq \varepsilon_y + 0.003 = 0.005 \quad \rightarrow \quad \phi = 0.9$

7.　$C_c = T$

　　$8092x = 4200 A_s \rightarrow A_s = 30.96 \, cm^2$

8.　最大鋼筋量檢核：$\varepsilon_t \geq 0.005 \quad OK\sim$

9.　最小鋼筋量檢核：

$$A_{s,min} = \left(\dfrac{14}{f_y} b_w d \ , \dfrac{0.8 \sqrt{f_c'}}{f_y} b_w d \right)_{max}$$

$$= (7.13 \ , 6.82)_{max} = 7.13 < A_s = 30.96 \, cm^2 \quad OK\sim$$

【補充說明二】土木 401-110 規範，提高鋼筋降伏強度 f_y

假設鋼筋 $f_y = 5600 \, kgf/cm^2$

拉力控制界限 $\varepsilon_t = \varepsilon_y + 0.003 = 0.00575$

中性軸位於 $x = \dfrac{0.003d}{0.003 + \varepsilon_t} = 18.34 \, cm$

1. $C_c = 0.85 f_c' ba = 0.85 \times 280 \times 40 \times 0.85x = 148407 \, kgf$

2. $M_n = C_c \left(d - \dfrac{a}{2} \right) = 148407 \left(53.5 - \dfrac{0.85 \times 18.34}{2} \right)$

$$= 6783016 \, kgf - cm = 67.83 \, tf - m$$

　　$\phi M_n = 0.9 \times 67.83 = 61.05 > M_u = 54.62 \, tf - m \quad OK\sim$

3.　不配下緣鋼筋，亦可滿足強度需求。

二、有一矩形鋼筋混凝土承壓柱構材，其斷面圖如下所示，鋼筋配置為 10 根 D29 鋼筋，單根 D29 鋼筋斷面積為 6.47 cm²，鋼筋降伏強度 f_y 為 4200 kgf/cm²，彈性模數 E_s 為 2040000 kgf/cm²，鋼筋中心保護層厚度均為 7.5 cm，混凝土強度 f'_c = 315 kgf/cm²，若僅考慮強軸向（M_{xx}）之短柱設計，請回答下列問題：

（一）請計算當其極限狀態之斷面應變如圖所示時，該柱構材之設計軸力強度與設計彎矩強度。（20 分）

（二）請證明該柱構材能否在滿足現行法規的要求下安全承載一偏心比 e/h = 0.1 之 400 tf 軸壓力？該值已經載重組合放大，其中 e 為偏心距，h 為構材全深 60 cm，該偏心軸壓力產生之彎矩方向為 M_{xx}。（5 分）

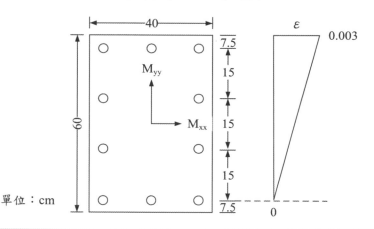

$f'_c = 315 \, kgf/cm^2$ $\beta_1 = 0.825$

$f_y = 4200 \, kgf/cm^2$ $x = 52.5 \, cm$ ，$a = \beta_1 x = 43.31 \, cm$

（一）計算 ϕP_n、ϕM_n

    1. $P_0 = 0.85 f'_c A_g + (f_y - 0.85 f'_c) A_{st} = 0.85 \times 315 \times 40 \times 60 + (4200 - 0.85 \times 315)$

         $\times 10 \times 6.47 = 897017 \, kgf = 897.017 \, tf$

        $P_{n,max} = 0.8 \times P_0 = 717.61 \, tf$

    2. 計算鋼筋應力

        $\varepsilon'_{s1} = \dfrac{x - 7.5}{x} \times 0.003 = 2.571 \times 10^{-3} > \varepsilon_y$ $\rightarrow f'_{s1} = 4200 \, kgf/cm^2$

        $\varepsilon'_{s2} = \dfrac{x - 22.5}{x} \times 0.003 = 1.714 \times 10^{-3} \rightarrow f'_{s2} = E_s \varepsilon'_{s2} = 3497 \, kgf/cm^2$

$$\varepsilon'_{s3} = \frac{x - 37.5}{x} \times 0.003 = 8.571 \times 10^{-4} \rightarrow f'_{s2} = E_s \varepsilon'_{s2} = 1749 \ kgf/cm^2$$

$$\varepsilon'_{s4} = 0 \rightarrow f'_{s4} = 0 \ kgf/cm^2$$

3. $C_c = 0.85 f'_c ba = 463850 \ kgf$

   $C_{s1} = (3 \times 6.47) \times (4200 - 0.85 f'_c) = 76325 \ kgf$

   $C_{s2} = (2 \times 6.47) \times (3497 - 0.85 f'_c) = 41786 \ kgf$

   $C_{s3} = (2 \times 6.47) \times (1749 - 0.85 f'_c) = 19167 \ kgf$

   $C_{s4} = 0 \ kgf$

   $P_n = C_c + C_{s1} + C_{s2} + C_{s3} + C_{s4} = 601128 \ kgf = 601.128 \ tf \leq P_{n,max}$
   $$= 717.61 \ tf \quad OK\sim$$

4. 以塑心為力矩中心

   $$M_n = P_n e = C_c \left(30 - \frac{a}{2}\right) + C_{s1}(22.5) + C_{s2}(7.5) - C_{s3}(7.5)$$

   $$= 463850 \times 8.345 + 76325(22.5) + 41786(7.5) - 19167(7.5)$$

   $$= 5757783 \ kgf - cm = 57.58 \ tf - m$$

   $$e = 9.58 \ cm$$

5. $\phi = 0.65$

   $$\boldsymbol{\phi P_n} = 0.65 \times 601.128 = \boldsymbol{390.73 \ tf}$$

   $$\boldsymbol{\phi M_n} = 0.65 \times 57.58 = \boldsymbol{37.43 \ tf - m}$$

（二）檢核

1. 題意：$P_u = 400 \ tf$
   $$M_u = P_n e = P_n(e/h)h = 400 \times 0.1 \times 0.6 = 24 \ tf - m$$

2. $\phi P_{n,max} = 0.65 \times 0.8 \times P_0 = 466.45 \ tf$

3. 柱構材承受 $P_u = 400 \ tf$、$M_u = 24 \ tf - m$，**可滿足現行法規要求**

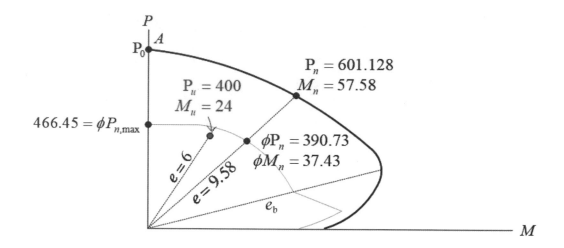

補充說明：以 $P_u = 400\ tf$、$\phi = 0.65$，可求得 M_u 上限值並據以檢核，但因本題占分不高，故以交互影響圖簡易判斷。

三、以直徑 2.5 cm A36 鋼棒作成一個跨度 76.2 cm 簡支梁，且在梁長度中點有靜載重 445 N 與活載重 1112 N 同時作用。已知鋼梁設計有足夠的側向支撐，A36 鋼材標稱之降伏強度與拉力強度及揚氏係數分別為 250 MPa 與 400 MPa 及 200 GPa，並且忽略鋼棒自重。（25 分）

（一）針對直徑 d 圓形斷面鋼梁，試推導證明其面積慣性矩（area moment of inertia）$I = \dfrac{\pi d^4}{64}$。

（二）針對前述鋼梁撓曲變形（deflection）設計控制要求在梁跨度 1/360 以內，試依容許應力設計（ASD）檢核之。

（三）除了（二）撓曲變形，試論服務性要求（serviceability criteria）下鋼梁設計所需考慮的課題與可能對策。

參考題解

（一）推導圓形斷面之面積慣性矩：

以極座標進行重積分

$$I = \int_0^{\frac{d}{2}} \int_0^{2\pi} (r\sin\theta)^2 r\,d\theta dr = \int_0^{\frac{d}{2}} r^3 \int_0^{2\pi} (\sin\theta)^2 d\theta dr = \int_0^{\frac{d}{2}} r^3 \int_0^{2\pi} \frac{1-\cos 2\theta}{2} d\theta dr$$

$$= \int_0^{\frac{d}{2}} \frac{r^3}{2} \int_0^{2\pi} (1-\cos 2\theta) d\theta dr = \int_0^{\frac{d}{2}} \frac{r^3}{2} \left(\theta - \frac{1}{2}\sin 2\theta\right)_0^{2\pi} dr$$

$$= \int_0^{\frac{d}{2}} \frac{r^3}{2} \times 2\pi dr = \frac{\pi d^4}{64}$$

（二）檢核鋼梁撓曲變形：$unit - N \cdot mm \cdot Mpa$

規範規定**活載重**所產生之撓度不得大於跨度之 **1/360**

$$\Delta_L = \frac{P_L L^3}{48EI} = \frac{1112 \times 762^3}{48 \times 200 \times 10^3 \times 19175} = 2.673 > \frac{L}{360} = 2.117 \ mm \quad NG\sim$$

鋼梁撓曲變形不符規範要求

其中：$I = \dfrac{\pi d^4}{64} = 19175 \ mm^4$

（三）鋼梁設計之服務性要求課題及對策：

服務性是指在正常使用下，建築物之功能、外觀、可維修性、耐久性及居住者的舒適感等都保持合乎要求之一種狀態。

課題及對策：

1. 拱度：構材為配合其相鄰結構而須特別預拱時，應在設計圖說中註明。

2. 膨脹及收縮：結構物應依其使用情形預留適當的膨脹及收縮之餘裕。

3. 撓度與振動：

   （1）撓度：結構系統受載重所產生之變形，不應損及服務性。

   　①由於活載重所產生之撓度不得大於跨度之 1/360。

   　②大跨距的樓版系統，梁或板梁之深跨比 d/L 不小於 $F_y/56$。

   　③變形限制值應依結構系統之整體性考慮。對於潛變收縮量應考慮容許值。在有反復載重發生時，應考慮殘留變形增加的可能性。

   　④某些構造型式在設計載重下可能會發生非彈性變形。亦即當撓曲構材的形狀因素 Z/S 超過 1.5 時，這種變形之影響程度也可能很重要。

   （2）振動：設計支撐寬大樓版之建築時，若樓版上無隔間牆或阻尼裝置，應考慮振動。

   　①梁之深跨比 d/L 不小於1/20。

   　②使用隔振裝置可有效的減少連續振動效應。

   　③避免共振。

   　④增加結構系統的阻尼以減少暫態振動。

4. 腐蝕：構件設計應考慮腐蝕之影響，以防止結構強度或其服務性受損。

（1）設計者應瞭解這些問題，在其設計中考慮適當的腐蝕容許值。

（2）提供足夠的保護系統（如塗料、陰極防蝕處理）。

（3）規劃維護作業程序以使此類問題不致發生。

四、有一個 T 形斷面受拉鋼構材在端部沿斷面翼板邊緣填角銲接長 38 cm 以連接另一塊鋼板，且鋼板與銲道經檢核均可符合設計規定。已知作用於斷面形心之靜載重與活載重分別為 18 tonf 與 54 tonf。T 形斷面積 A = 37.7 cm^2，翼板寬度 b$_f$ = 20 cm，斷面迴轉半徑 r$_x$ = 3.99 cm，而鋼材降伏強度與拉力強度之標稱值分別為 3520 kgf/cm^2 與 4592 kgf/cm^2。（25 分）

（一）依極限設計法（LRFD）試檢核上述鋼構材受拉設計強度。

（二）試分析上述鋼構材可能最大長度（取整數 cm）及相關限制與目的。

參考題解

（一）檢核構材受拉設計強度

已知鋼板與銲道均符合設計規定

$$P_D = 18 \ tf \ ; \ P_L = 54 \ tf$$

$$P_u = 1.2 \ P_D + 1.6 \ P_L = 108 \ tf$$

1. 全斷面降伏：

$$\phi P_n = 0.9 F_y A_g = 0.9 \times 3.52 \times 37.7 = 119.43 \ tf$$

2. 有效淨斷面斷裂：

$$\phi P_n = 0.75 \times F_u A_e = 0.75 \times 4.592 \times 32.045 = 110.36 \ tf$$

$$A_e = U A_g = 0.85 \times 37.7 = 32.045 \ cm^2$$

假設折減係數 $U = 0.85$

3. 塊狀剪力撕裂：鋼板符合設計規定，無須檢核。

銲接強度檢核：

4. 計算銲道設計剪力強度：銲道符合設計規定，無須檢核。

5. 計算母材設計剪力強度：鋼板符合設計規定，僅需檢核 T 形斷面構材，但資料不足無從檢核。

構材受拉設計強度 $\boldsymbol{\phi P_n} = \left(119.43，110.36\right)_{min} = \boldsymbol{110.36 \ tf} \geq P_u = 108 \ tf \quad OK\sim$

構材受拉設計強度符合規定

（二）分析構材可能最大長度及相關限制與目的

    1. 基於對實際設計、製作及吊裝時潛在問題之考量。

       受拉構材之長細比為 L/r，除受拉圓桿外，其值不宜超過 300

       受壓構材之長細比為 KL/r，其值不宜超過 200

    2. 當構材之長細比太大時，構材在製作、運輸或吊裝過程中將不易處理，且易受損而增加其初始彎曲度。

    3. 受壓構材之強度受初始彎曲度之影響較大，為防止構材強度低於預估強度，規範採用 200 為受壓構材長細比之上限，並考量經濟性。

    4. 受拉構材其強度雖較不受初始彎曲度之影響。但當受拉構材之長細比太大時，構材容易因其自重下垂或在風力作用下產生振動，規範採用 300 為受拉構材長細比之上限。

    5. $L/r \leq 300 \rightarrow L \leq 300r = \mathbf{1197\ cm}$

       其中迴轉半徑 r 應採用**弱軸**，但題意僅有 $r_x = 3.99\ cm$，只能採用。

112 年 專門職業及技術人員高等考試試題／
施工法（包括土木、建築施工法與工程材料）

一、近年國內建築工程發生多起連續壁失敗，導致鄰近馬路路基掏空或鄰近房屋受損等公
共危險事件。請說明何謂連續壁、其主要功能與施工工序，可能發生連續壁破裂的原
因。（20 分）

參考題解

（一）連續壁

一種位於地表下之鋼筋混凝土擋土設施，通常為連續施作之壁式或近似壁式構造，亦
可兼作建築物或土木構造物之外壁。

（二）連續壁主要功能

1. 保護鄰房與減少損鄰事故：

基礎開挖時，連續壁可降低地下水滲流與抵抗側向主動土壓力，保持周邊土體穩定，
有效保護工地周圍設施及鄰房安全，減少損鄰事故。

2. 確保工地施工安全：

配合其他支撐系統，連續壁構造於工程開挖時，可有效阻絕滲流與抵抗土壤側向土
壓力，維護工地與自身構造物基礎施工安全。

3. 作為構造物外壁：

透過工程設計與施工規劃，連續壁可直接作為構造物外側壁體。

4. 提高地下構造物防水性能：

為增進地下構造物防水性能，可透過工程設計，以連續壁作為假牆之用。

（三）施工工序

1. 整地與放樣：

依資料與地下探查結果，清除或遷移基地內對工程有影響各類地上與地下障礙物，
回填、整平與壓實。設置放樣基準點，進行放樣。

2. 作業場配置：

依規畫設置沉澱池、棄土坑、洗車台與鋼筋籠組配場等設施，並築造作業場鋪面。

3. 築造導溝（導牆）：

導溝依設計築造，拆模後以硬質木材間隔架設內撐。

4. 穩定液調拌：

   穩定液依設計配比調配，拌合均勻，維持正確之比重與黏滯度。

5. 壁體開挖：

   採施工規劃刀數配置與順序施作（先母單元後公單元，跳島式開挖），避免超挖，穩定液同時維持正常液面高度。

6. 清除底部淤泥：

   各單元開挖至預定深度後，清除底部淤泥，並以水尺檢查深度。

7. 超音波檢測：

   以超音波儀檢查開挖壁面垂直度，未達標準重新整修。

8. 鋼筋籠組配：

   各單元鋼筋籠依設計組立完成後，兩端安裝分隔器（端板）與帆布（僅母單元），並安裝吊點與補強筋。

9. 吊放鋼筋籠與分隔器：

   穩定吊放入溝槽預定位置，並檢查鋼筋籠位置與高程。

10. 澆置混凝土：

    安置特密管，維持正確埋深，依水中混凝土澆置要領澆置混凝土，各管平均澆置，並隨時檢查混凝土頂面形狀，各單元完成前不可中斷澆置作業。

    施工工序流程圖，詳如下圖：

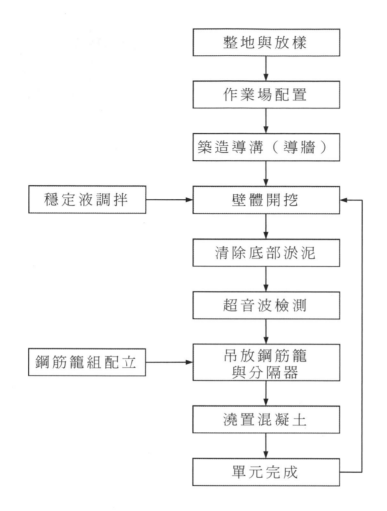

（四）可能發生破裂原因

　　1. 壁體包夾弱質物：

　　　　（1）壁體包空氣或包穩定液：

　　　　　　壁體澆置混凝土時，澆置前特密管中未確實放置橡皮碗、特密管未保持適當
埋深或因故中斷澆置等原因，以致壁體混入空氣或穩定液。

　　　　（2）壁體包泥：

　　　　　　壁體於混凝土澆置時，未維持槽溝中穩定液比重或液面高度降低（逸水）、未
確實實施超音波檢測與判讀、軟弱沉泥或細砂地盤未採取預防性措施等，導
致壁體崩孔混入泥塊或大數量細砂顆粒。

　　　　（3）壁體包劣質混凝土：

　　　　　　壁體於混凝土澆置時，水平移動特密管或多管澆置速度不一，使壁體混入劣
質混凝土。

2. 壁體接縫嚴重滲漏：

   壁體施作時，母單元端版外側附著皂土泥膜清除不徹底或公母單元接合處牆背未施作足夠數量與深度止水樁，導致壁體公母單元接縫發生滲漏，滲漏嚴重時產生破裂。

3. 混凝土漏漿：

   連續壁母單元之混凝土澆置時，混凝土由端板與壁面空隙滲流至鋼筋預留區，包覆預留鋼筋，影響公單元鋼筋籠置入與鋼筋搭接，壁體易於公母單元接縫處破裂。

4. 端版歪斜變形：

   母單元之混凝土澆置時，端版無法承受混凝土側壓力而歪斜變形，混凝土漫流至鋼筋預留區，包覆預留鋼筋，影響公單元鋼筋籠置入與鋼筋搭接，壁體易於公母單元接縫處破裂。

5. 壁體大肚現象：

   溝槽開挖時，遇球狀土壤（卵礫石層與砂土層）易崩孔，連續壁壁體易形成大肚現象，壁面不平整，影響水平支撐架設與力之有效傳遞，嚴重時產生破裂。

6. 壁面鋼筋外露：

   穩定液液壓不足時，開挖溝槽壁面常內移，鋼筋保護層厚度嚴重不足，甚至無保護層，鋼筋抗力無法發揮，連續壁體易彎曲而破裂。

7. 壁體水平長度過長：

   連續壁體水平向長度過長，當內外土水壓不平衡時，壁體易變形而破裂。

二、懸臂施工法（Balanced CantileverMethod）為國內常見橋梁上部結構施工法之一。請詳細說明懸臂施工法之施工流程與注意事項。（20分）

參考題解

（一）施工流程

   懸臂施工法由橋墩中心節塊單元開始施作，再利用工作車同時兩側逐次構築次一單元，最後於跨度中央與另一橋墩施作橋面結構接合。其施工流程，詳述於下：

1. 橋墩以支撐架方式構築橋墩中心節塊（柱頭節塊）。

2. 裝設工作車（中心節塊兩側）：

   （1）工作車地面預組。

   （2）推進軌道安裝。

   （3）主體系統吊裝組立（主構架、前後桁架與水平撐桿）。

3. 兩側同時構築次一節塊：

　　（1）組模。

　　（2）配筋及預力鋼腱。

　　（3）澆置混凝土及養護。

　　（4）施預力。

　　（5）封端及拆模。

4. 移動工作車。

5. 構築下一節塊單元。

6. 跨度中央接合（閉合節塊）施作：依設計直接接合或簡支梁跨接。

（二）注意事項

1. 施工載重平衡：

　　兩側節塊單元應以同一速率構築，使施工載重平衡。

2. 預力鋼腱位置：

　　各節塊係以預力接合於後方節塊，預力鋼腱位置需與設計相符。

3. 混凝土澆置：

　　各節塊之鋼筋與預力鋼腱密佈，應注意混凝土澆置與搗實，避免蜂窩。

4. 拱勢控制：

　　上部結構閉合前，係呈懸臂梁結構，變位大，加上預力損失與乾縮潛變因素，需精確控制各階段預拱量與高程。

5. 施工安全：

　　屬於高空作業，施工人員安全防護與工作車推進拆除作業等，均需落實工安規定。

三、為降低營造業職災發生率，勞動部職業安全衛生署推廣營造四化技術。請說明「營造四化技術」內涵，並列舉營造四化之案例。（20分）

參考題解

（一）「營造四化技術」內涵

　　「營造四化技術」係勞動部為從源頭解決營建勞工長時間曝露於變動性大的工作環境中，有效改善營造業工作環境安全衛生，根本解決營造業之高職災問題所推動。其內涵為營造工程採行設計標準化、構件預鑄化、施工機械化、人員專業化，分述於下：

1. 設計標準化：

　　工程設計或產品開發時，對材質、物性與尺寸等規格標準化及系統化，避免工程因設計者不同，在品質要求、圖說繪製與預算編列等方面發生過大差異，影響施工品質與安衛管理。

2. 構件預鑄化：

　　降低場鑄比重，多採用於工廠或工地旁環境進行之預鑄方式，以確保產物之品質穩定，並使施工人員大幅減少變動性大的工作環境，改善施工人員工作環境安全衛生。

3. 施工機械化：

　　以機械替代人力施工，可降低施工人員於施工現場之時間，減少其曝露於各項危害因子之機率。另外、機械施工亦可有效提高施工效率與降低勞工體力負荷。

4. 人員專業化：

　　施工人員以各自專業專長領域進行施作，除可確保工程品質與提升工進外，深具危安意識，更可減少工安事故發生機率。

（二）「營造四化技術」之案例

　　以農委會水土保持局之「台東森永五福谷溪護岸工程」為例，該工程護岸坡面與基礎保護工為預鑄構件，階梯式護岸基礎採標準化採可自立鋼模，其在「營造四化技術」應用方面，分述於下：

1. 設計標準化：

　（1）護岸坡面與基礎保護工為預鑄構件，對材質、物性與尺寸等規格皆標準化及系統化，品質穩定且製作時可避開施工現場。

　（2）護岸基礎採標準化鋼模，易控制施工品質與組立作業準確度。

　（3）階梯式護岸設計，可降低現場開挖高度，減少施工風險及發揮可自立鋼模優勢。

2. 構件預鑄化：

   護岸坡面與基礎保護工係採預鑄構件，其具有下列優點：

   （1）可避免要徑集中，且有效縮短工期。

   （2）構件規格統一，尺寸精準，減少人工施作造成之變異。

   （3）減少臨水作業時間，降低汛期施工造成高風險。

3. 施工機械化：

   大部分作業以吊卡車配合油壓鉗施作，提高施工效率，降低人力需求與施工風險。

4. 人員專業化：

   為提高施工人員之專業度與工程品質，降低職安風險，該工程係透過下列各項作為：

   （1）各工項多為重複性作業，施工人員易熟練，可減少工安事故發生機率。

   （2）起重機具操作人員依規定需具有「一機三證」之資格與各工項需以專業工人施作。

   （3）各分項工程施工前需試作與執行風險檢視，建立 SOP 與進行教育訓練。

四、政府為推廣「固體再生燃料」（Solid Recovered Fuel，簡稱 SRF）以「轉廢為能」的理念，推動廢棄物燃料化政策。當 SRF 混合煤炭作為鍋爐燃料時，鍋爐集塵設備收集之飛灰，稱之為混燒飛灰。試說明該等混燒飛灰之特性、與純燃煤飛灰之差異，摻入於水泥系材料可能會引發的問題。（20 分）

參考題解

（一）混燒飛灰之特性

1. 物理化學特性隨 SRF 組成不同而變異甚大。

2. 燒失量較高。

3. 細度較粗。

4. 外觀呈不規則多孔結構。

（二）與純燃煤飛灰之差異

混燒飛灰與純燃煤飛灰之差異，列表說明於下：

項目	混燒飛灰	純燃煤飛灰
燃料來源	煤與固體再生燃料（SRF）	煤
外觀結構	不規則多孔結構	中空圓球
燒失量	較高	較低
吸水率	較高	較低

項目	混燒飛灰	純燃煤飛灰
細度	較粗	較細
用水量	較高	較低
卜作嵐活性指數	大部分較低（依 SRF 組成而定），且變異大	較高，且變異小
顏色	甚雜（依 SRF 組成而定）	F 級飛灰為灰～灰黑色 C 級飛灰為黃褐色
再利用種類*	編號 50 混燒煤灰 （申報代碼 R-1108 混燒煤灰）	編號 1 煤灰 （申報代碼 R-1106 燃煤飛灰與 R-1107 燃煤底灰）
再利用途徑*	少（僅水泥生料 1 項）	多（共 11 項）

*註：依「經濟部事業廢棄物再利用管理辦法附表（2022 年修正）」

（三）可能會引發的問題

　　混燒飛灰之外表為不規則多孔結構，保水性高，加上 SRF 組成複雜，部份混燒飛灰之活性指數偏低且品質控制不易。摻入於水泥系材料（水泥砂漿與水泥混凝土等），可能會引發下列的問題：

1. 較易產生泌水現象。

2. 用水量較高。

3. 工作性較差。

4. 空氣含量較高（孔隙較多，但其尺度與形狀依 SRF 組成而定）。

5. 健性較差（漿體膨脹量較高）。

6. 強度可能較低（依 SRF 組成而定）。

7. 體積穩定性可能較差（依 SRF 組成而定）。

8. 耐久性可能較低（依 SRF 組成而定）。

9. 現行法規需修正（目前僅允許做為水泥生料使用）。

五、請完成下表混凝土用粒料之篩分析計算，並依據 CNS 1240 級配標準判斷該批混合料之標稱最大粒徑（D_{max}）與計算細度模（Fineness Modulus, FM）。（20 分）

篩　號	留篩重量 （g）	停留百分率 （%）	累積停留百分率 （%）	通過率 （%）
1"	0.0			
3/4"	200.0			
1/2"	600.0			
3/8"	1500.0			
NO.4	300.0			
NO.8	400.0			
NO.16	600.0			
NO.30	900.0			
NO.50	200.0			
NO.100	100.0			
NO.200	100.0			
底盤	100.0			

參考題解

（一）篩分析計算

列表計算於下：

篩　號	留篩重量 （g）	停留百分率 （%）	累積停留百分率 （%）	通過率 （%）
1"	0.0	0.0	0.0	100.0
3/4"	200.0	4.0	4.0	96.0
1/2"	600.0	12.0	16.0	84.0
3/8"	1500.0	30.0	46.0	54.0
NO.4	300.0	6.0	52.0	48.0
NO.8	400.0	8.0	60.0	40.0
NO.16	600.0	12.0	72.0	28.0
NO.30	900.0	18.0	90.0	10.0
NO.50	200.0	4.0	94.0	6.0

篩　號	留篩重量 （g）	停留百分率 （%）	累積停留百分率 （%）	通過率 （%）
NO.100	100.0	2.0	96.0	4.0
NO.200	100.0	2.0	98.0	2.0
底　盤	100.0	2.0	100.0	0.0
合　計	5000.0			

（二）標稱最大粒徑

依施工綱要規範第 02741 章之定義為第一個過篩百分率未達 90%之篩的上一個篩號，標稱最大粒徑 $D_{max} = 3/4"$。

（三）細度模數 FM

$FM =（4.0 + 46.0 + 52.0 + 60.0 + 72.0 + 90.0 + 94.0 + 96.0）／100 = 5.14$

![112年專門職業及技術人員高等考試試題／結構分析（包括材料力學與結構學）]

一、繪製下圖梁的剪力圖與彎矩圖，並說明最大剪力值與最大彎矩值。（20 分）

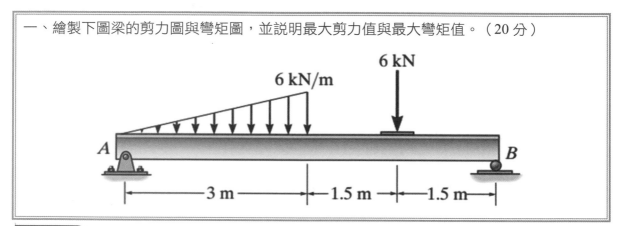

參考題解

（一）支承反力

1. $\sum M_A = 0$ ， $\left(\dfrac{1}{2} \times 3 \times 6\right) \times 2 + 6 \times 4.5 = R_B \times 6$ $\therefore R_B = 7.5 \, kN \,(\uparrow)$

2. $\sum F_y = 0$ ， $R_A + \cancel{R_B}^{7.5} = \dfrac{1}{2} \times 3 \times 6 + 6$ $\therefore R_A = 7.5 \, kN \,(\uparrow)$

（二） M_{max} 的大小與發生位置 x

1. $\sum F_y = 0$ ， $\left(\dfrac{1}{2} \cdot x \cdot 2x\right) = 7.5$ $\therefore x = 2.739m$

2. $\sum M_A = 0$ ， $\left(\dfrac{1}{2} \cdot x \cdot 2x\right) \times \dfrac{2}{3} x = M_{max}$ $\therefore M_{max} = \dfrac{2}{3} x^3 = 13.7 \, kN - m$

（三）剪力彎矩圖如圖所示，其中 $V_{max} = 7.5 \, kN$ ， $M_{max} = 13.7 \, kN - m$

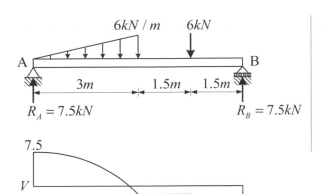

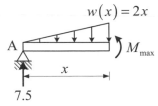

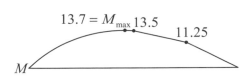

二、如下圖的桁架係由 A-36 鋼棒所製，每一棒材皆為直徑 40 mm 的圓形截面實心圓鋼棒。試求不會產生構件挫曲所能施加的最大外力 P 為何？構件兩端皆為銷接。$E = 210 [GPa]$，$\sigma_y = 250 [MPa]$。（20分）

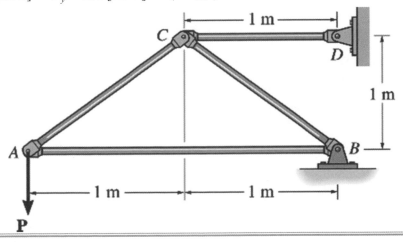

參考題解

（一）桿件內力如圖所示

1. 受壓桿可能發生降伏或挫曲破壞

2. 受拉桿可能發生降伏破壞

3. 各桿降伏應力 σ_y 與斷面積 A 皆相同

   若桿件降伏時，其桿件內力

   $$N_y = \sigma_y A = 250\left(\frac{\pi}{4} \times 40^2\right) = 314159\ N$$

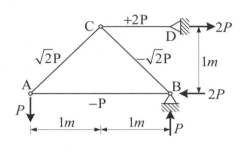

（二）考慮各桿件破壞時對應的 P 值

1. AB 桿

   （1）降伏破壞：$N_{AB} = N_y = 314159\ N$

   （2）挫曲破壞：

   $$N_{AB} = (P_{cr})_{AB} = \frac{\pi^2 EI}{kL^2} = \frac{\pi^2 \times (210 \times 10^3) \times \dfrac{\pi}{64} \times 40^4}{(1 \times 2000)^2} = 65113\ N \ \text{☞} \ control$$

   （3）當 AB 桿破壞時（為挫曲破壞）：$N_{AB}^{\ \ P} = (P_{cr})_{AB}^{\ \ 65113} \Rightarrow P = 65113\ N$..........①

2. BC 桿

   （1）降伏破壞：$N_{BC} = N_y = 314159\ N$

   （2）挫曲破壞：

   $$N_{BC} = (P_{cr})_{BC} = \frac{\pi^2 EI}{kL^2} = \frac{\pi^2 \times (210 \times 10^3) \times \dfrac{\pi}{64} \times 40^4}{(1 \times \sqrt{2} \times 1000)^2} = 130226\ N \ \text{☞} control$$

   （3）當 BC 桿破壞時（為挫曲破壞）：$N_{BC}^{\ \ \sqrt{2}P} = (P_{cr})_{BC}^{\ \ 130226} \Rightarrow P = 92084\ N$..........②

3. AC 桿（降伏破壞）：$N_{AC} = N_y \Rightarrow \sqrt{2}P = 314159 \ \therefore P = 222144\ N$...........③

4. CD 桿（降伏破壞）：$N_{CD} = N_y \Rightarrow 2P = 314159 \ \therefore P = 157080\ N$............④

（三）綜合①②③④：$P = \{65113\ ,\ 92084\ ,\ 222144\ ,\ 157080\}_{\min} = 65113\ N$

三、如下圖所示，纜繩承受載重，若 P＝3 kN，試求（一）距離 y；（二）纜繩 BC 的拉力。假設纜繩是完全柔性而且不會伸長的，忽略纜繩本身的重量。（限定使用切過 BC 的斷面法，使用其他方法，不計分數）。（30 分）

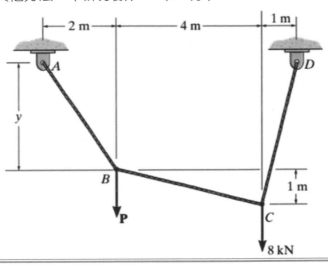

參考題解

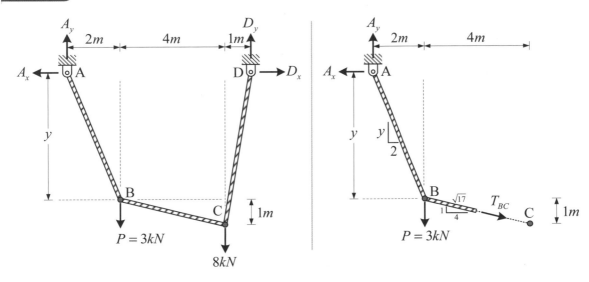

（一）整體平衡（上圖左）

1. $\sum M_A = 0$, $D_y \times 7 = 3 \times 2 + 8 \times 6$ $\therefore D_y = 7.714 \ kN \left(\uparrow\right)$

2. $\sum F_y = 0$, $A_y + \cancel{D_y}^{7.714} = 3 + 8$ $\therefore A_y = 3.286 \ kN \left(\uparrow\right)$

（二）切開 BC 段，取出左半部 ABC 自由體（上圖右）

1. $\sum M_B = 0$, $A_y \times 2 = A_x \times y$............①

2. $\sum M_C = 0$, $A_y \times 6 = A_x \times (y+1) + 3 \times 4$..........②

   ②－① $\Rightarrow 4 \cancel{A_y}^{3.286} = A_x + 12 \therefore A_x = 1.144\ kN\ (\leftarrow)$

3. 帶回①式 $\Rightarrow \cancel{A_y}^{3.286} \times 2 = \cancel{A_x}^{1.144} \times y \therefore y = 5.745\ m$

4. $\sum F_x = 0$, $T_{BC} \times \dfrac{4}{\sqrt{17}} = \cancel{A_x}^{1.144} \therefore T_{BC} = 1.179\ kN$

四、如下圖所示，假設 EI 為常數，求出作用在斜柱剛架所有桿件的桿端彎矩。（限定使用傾角變位法，使用其他方法，不計分數）。（30 分）

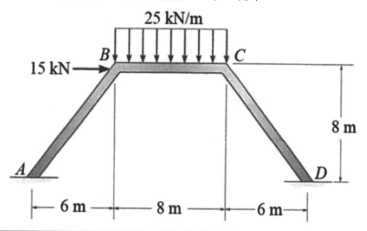

參考題解

（一）固端彎矩

$$M_{BC}^F = -\frac{1}{12} \times 25 \times 8^2 = -133.33\ kN-m$$

$$M_{CB}^F = \frac{1}{12} \times 25 \times 8^2 = 133.33\ kN-m$$

（二）K 值比 $\Rightarrow k_{AB} : k_{BC} : k_{CD} = \dfrac{EI}{10} : \dfrac{EI}{8} : \dfrac{EI}{10} = 4 : 5 : 4$

（三）R 值比：$\begin{cases} R_{AB} \times 6 + R_{BC} \times 8 + R_{CD} \times 6 = 0 \\ R_{AB} \times 8 - R_{CD} \times 8 = 0 \end{cases} \Rightarrow 令 R_{AB} = R_{CD} = 2R \therefore R_{BC} = -3R$

（四）傾角變位式

$$M_{AB} = 4\left[\theta_B - 3(2R)\right] = 4\theta_B - 24R$$

$$M_{BA} = 4\left[2\theta_B - 3(2R)\right] = 8\theta_B - 24R$$

$$M_{BC} = 5\left[2\theta_B + \theta_C - 3(-3R)\right] - 133.33 = 10\theta_B + 5\theta_C + 45R - 133.33$$

$$M_{CB} = 5\left[\theta_B + 2\theta_C - 3(-3R)\right] + 133.33 = 5\theta_B + 10\theta_C + 45R + 133.33$$

$$M_{CD} = 4\left[2\theta_C - 3(2R)\right] = 8\theta_C - 24R$$

$$M_{DC} = 4\left[\theta_C - 3(2R)\right] = 4\theta_C - 24R$$

（五）力平衡條件

1. $\sum M_B = 0$, $M_{BA} + M_{BC} = 0 \Rightarrow 18\theta_B + 5\theta_C + 21R = 133.33$.............①

2. $\sum M_C = 0$, $M_{CB} + M_{CD} = 0 \Rightarrow 5\theta_B + 18\theta_C + 21R = -133.33$..........②

3. $\sum M_O = 0$, $15 \times \dfrac{16}{3} + V_{AB} \times \left(10 + \dfrac{20}{3}\right) + V_{DC} \times \left(10 + \dfrac{20}{3}\right) = M_{AB} + M_{DC}$

$$\Rightarrow 80 + \frac{M_{AB} + M_{BA}}{10} \times \frac{50}{3} + \frac{M_{CD} + M_{DC}}{10} \times \frac{50}{3} = M_{AB} + M_{DC}$$

$$\Rightarrow 2M_{AB} + 5M_{BA} + 5M_{CD} + 2M_{DC} = -240$$

$$\Rightarrow \theta_B + \theta_C - 7R = -5$$...............③

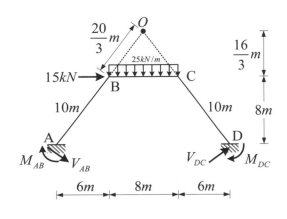

聯立①②③式，可得 $\begin{cases} \theta_B = 9.739 \\ \theta_C = -10.773 \\ R = 0.567 \end{cases}$

（六）代回傾角變位式，得桿端彎矩

$$M_{AB} = 4\theta_B - 24R = 25.3\ kN-m\,(\curvearrowright)$$

$$M_{BA} = 8\theta_B - 24R = 64.3\ kN-m\,(\curvearrowright)$$

$$M_{BC} = 10\theta_B + 5\theta_C + 45R - 133.33 = -64.3\ kN-m\,(\curvearrowleft)$$

$$M_{CB} = 5\theta_B + 10\theta_C + 45R + 133.33 = 99.8\ kN-m\,(\curvearrowright)$$

$$M_{CD} = 8\theta_C - 24R = -99.8\ kN-m\,(\curvearrowleft)$$

$$M_{DC} = 4\theta_C - 24R = -56.7\ kN-m\,(\curvearrowleft)$$

112年 專門職業及技術人員高等考試試題／工程測量（包括平面測量與施工測量）

一、針對角度測量，比較全測站（Total station）正倒鏡觀測以及雙軸補償之功效。（20 分）

參考題解

全測站若有定平誤差會造成的直立軸誤差，而直立軸誤差對角度測量的影響量可以分成下面二個誤差分量：

（一）在橫軸方向的誤差分量

此誤差分量所導致的橫軸誤差大小會隨觀測方向的改變而異，同時會影響水平角的觀測成果。

（二）在視準軸方向的誤差分量

此誤差分量為固定量，會直接影響垂直角觀測成果。

雙軸補償裝置是用於補償上述因直立軸誤差引起的視準軸方向的誤差（會對縱角度盤讀數產生影響）及橫軸方向的誤差（會對水平度盤讀數產生影響）。

功效項目	正倒鏡觀測	雙軸補償
儀器誤差的消除	1. 橫軸誤差。 2. 視準軸誤差。 3. 視準軸偏心誤差。 4. 水平度盤偏心誤差。 5. 縱角指標差。	1. 補償定平誤差造成對水平度盤讀數的誤差量。 2. 補償定平誤差造成的縱角度盤讀數的誤差量。
提高測角精度	因有重複觀測取平均的概念，因此可以提高測角精度。	若因有補償裝置而僅作單鏡位觀測，則無提高測角精度功效。
檢核錯誤	正倒鏡觀測數據可以檢核讀數或目標照準是否有誤。	若因有補償裝置而僅作單鏡位觀測，則無檢核錯誤之功效。

二、利用水準測量欲測得 P 點高程，連測 A、B、C 三個已知高程點

（$H_A = 21.815\,m$；$H_B = 15.880\,m$；$H_C = 25.049\,m$），若 AP、BP 及 CP 測線長度分別為

0.4 m、0.9 m 及 1.6 m，水準測量標準差為 $\pm 20\,mm\sqrt{K}$，K 為公里數，並假設權與方差（Variance）成反比。

（一）以加權平均法計算 P 點高程先驗標準差。（10 分，有效位數至 mm）

（二）實際高程差觀測量：$l_1 = H_P - H_A = -2.302\,m$；$l_2 = H_P - H_B = 3.601\,m$；$l_3 = H_P - H_C = -5.574\,m$，計算 P 點高程最或是值以及後驗標準差。（15 分，有效位數至 mm）

（三）說明 P 點高程先驗標準差與後驗標準差的意義。（5 分）

參考題解

（一）根據 A、B、C 三個已知高程點分別推算 P 點高程如下：

$$H_1 = H_A + \ell_1 = 21.815 - 2.302 = 19.513\,m$$

$$H_2 = H_B + \ell_2 = 15.880 + 3.601 = 19.481\,m$$

$$H_3 = H_C + \ell_3 = 25.049 - 5.574 = 19.475\,m$$

依題意假設 A、B、C 三個已知高程點的高程值無誤差，則 H_1、H_2、H_3 的標準差分別等於 AP、BP 及 CP 三條測線的高程差之標準差，即

$$M_{H_1} = M_{\ell_1} = \pm 20\sqrt{0.4}\,mm$$

$$M_{H_2} = M_{\ell_2} = \pm 20\sqrt{0.9}\,mm$$

$$M_{H_3} = M_{\ell_3} = \pm 20\sqrt{1.6}\,mm$$

權與方差（標準差平方）成反比，則得：

$$P_1 : P_2 : P_3 = \frac{1}{M_{H_1}^2} : \frac{1}{M_{H_2}^2} : \frac{1}{M_{H_3}^2} = \frac{1}{(\pm 20\sqrt{0.4})^2} : \frac{1}{(\pm 20\sqrt{0.9})^2} : \frac{1}{(\pm 20\sqrt{1.6})^2} = 36 : 16 : 9$$

P 點高程最或是值計算式如下：

$$H_P = \frac{P_1 \times H_1 + P_2 \times H_2 + P_3 \times H_3}{P_1 + P_2 + P_3} = \frac{36 \times H_1 + 16 \times H_2 + 9 \times H_3}{36 + 16 + 9} = \frac{36}{61}H_1 + \frac{16}{61}H_2 + \frac{9}{61}H_3$$

依誤差傳播定律計算 P 點高程先驗標準差如下：

$$M_P = \pm\sqrt{(\frac{36}{61})^2 \cdot (20\sqrt{0.4})^2 + (\frac{16}{61})^2 \cdot (20\sqrt{0.9})^2 + (\frac{9}{61})^2 \cdot (20\sqrt{1.6})^2} = \pm 9.7\ mm \approx \pm 10\ mm$$

（二）P 點高程最或是值 $H_P = \dfrac{36 \times 19.513 + 16 \times 19.481 + 9 \times 19.475}{36 + 16 + 9} = 19.499\ m$

$V_1 = 19.499 - 19.513 = -0.014\ m$

$V_2 = 19.499 - 19.481 = +0.018\ m$

$V_3 = 19.499 - 19.475 = +0.024\ m$

$[PVV] = 36 \times (-0.014)^2 + 16 \times 0.018^2 + 9 \times 0.024^2 = 0.017424\ m^2$

P 點高程最或是值後驗標準差 $M_P = \pm\sqrt{\dfrac{0.017424}{(36+16+9)(3-1)}} = \pm 0.012\ m = \pm 12\ mm$

（三）先驗標準差是指觀測量在平差計算之前已知的標準差，廣義的先驗標準差可以依據儀器設計之精密程度、實際觀測經驗、測量員技術和觀測環境等因素事先評估得到的精度，或是從理論推求得到的標準差，或是根據觀測量先驗標準差直接依據誤差傳播理論推求之未知數標準差等，皆可以稱為先驗中誤差。例如本題之水準測量標準差計算公式或如電子測距標準差計算公式或如經緯儀測角標稱精度等。通常觀測量先驗標準差用於平差計算時定義觀測量的權值。本題第（一）小題是先根據水準測量標準差評估公式獲得三個高程值的先驗標準差，再依據誤差傳播公式直接計算得到 P 點高程的標準差，故此標準差屬於先驗標準差。

然因實際觀測時的觀測量樣本數、觀測環境、儀器及人為等條件因素變化，與評估先驗標準差時的條件有所差異，因此根據實際觀測量經由平差計算後得到的標準差通常會與先驗標準差會有差異。對於根據實際觀測量經由平差計算後得到的各種標準差均稱為後驗標準差。本題第（二）小題是依據平差計算得到之 P 點高程的標準差，故此標準差屬於後驗標準差。

三、說明簡易導線平差所使用的羅盤儀法則，及經緯儀法則的修正方式與其原理。（25 分）

參考題解

導線之閉合比數如符合規範時，可以依下列二種方法進行縱、橫距閉合差改正。

（一）羅盤儀法則（Compass Rule）

亦稱為鮑迪法，適用於測角精度與量距精度相當的導線。其概念是當測角精度與量距精度相當時，量距精度係與邊長之平方根成正比，導致每邊之改正數與其邊長成正比，因此縱、橫距閉合差改正值是按各邊長佔導線邊長總和之比例分配改正，計算式如下：

$$dN_{ij} = -\frac{S_{ij}}{[S]} \times W_N$$

$$dE_{ij} = -\frac{S_{ij}}{[S]} \times W_E$$

上式中，dN_{ij}、dE_{ij} 分別是第 i、j 二點間縱、橫距的改正值；

W_N、W_E 分別是導線縱、橫距的閉合差；S_{ij} 是第 i、j 二點間的邊長；

$[S]$ 是導線邊長總和。

目前幾乎已採用全測站儀實施導線測量，而全測站儀的測角精度亦能與量具精度相匹配，故一般導線縱、橫距改正時以採羅盤儀法則為主。

（二）經緯儀法則（Transit Rule）

適用於測角精度優於量距精度的導線，例如導線邊長採視距法獲得的視距導線測量。其概念是當經緯儀之測角精度遠勝於量距精度時，導線縱、橫距閉合差主要是因量距誤差引起，因此縱、橫距改正值應按各邊縱、橫距的絕對值佔導線縱、橫距絕對值總和之比例進行分配，計算式如下：

$$dN_{ij} = -\frac{|\Delta N_{ij}|}{[|\Delta N|]} \times W_N$$

$$dE_{ij} = -\frac{|\Delta E_{ij}|}{[|\Delta E|]} \times W_E$$

上式中，dN_{ij}、dE_{ij} 分別是第 i、j 二點間縱、橫距的改正值；

W_N、W_E 分別是導線縱、橫距的閉合差；

$|\Delta N_{ij}|$、$|\Delta E_{ij}|$ 分別是第 i、j 二點間的縱、橫距值的絕對值；

$[|\Delta N|]$、$[|\Delta E|]$ 分別是導線各邊縱、橫距值絕對值的總和。

四、點位 A、B、C、D 配置如下圖所示，假設 A 及 B 點為已知點，且兩點位於南北向，其
　　坐標分別為（E_A, N_A）及（E_B, N_B），$E_A = E_B$。水平角度觀測量 α 與 β 以及水平距離觀
　　測量 AC 與 BD，參下圖。

（一）依據角度及距離觀測量，分別列出 C 及 D 點坐標計算方程式。（15 分）

（二）若點位 A、B、C、D 成一矩形，增加水平距離觀測量 CD 對 C 及 D 點坐標精度
　　　有何助益？（10 分）

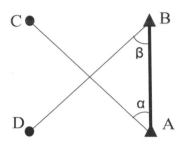

參考題解

（一）因 A、B 二點位於南北向，故方位角 $\phi_{AB} = 0°$、$\phi_{BA} = 180°$。

$$\phi_{AC} = \phi_{AB} - \alpha$$

$$N_C = N_A + \overline{AC} \times \cos\phi_{AC}$$

$$E_C = E_A + \overline{AC} \times \sin\phi_{AC}$$

$$\phi_{BD} = \phi_{BA} + \beta$$

$$N_D = N_B + \overline{BD} \times \cos\phi_{BD}$$

$$E_D = E_B + \overline{BD} \times \sin\phi_{BD}$$

（二）第一小題中 C、D 二點的坐標值（絕對位置）是各自獨立計算，其絕對精度也是各自
　　　獨立的，亦無相對精度的資訊。若增加水平距離觀測量 $\overline{CD}$，則對 C、D 二點坐標精度
　　　的影響說明如下：

1. 由於距離觀測量 $\overline{CD}$ 是表現 C、D 二點間相對位置的關係，不論 C、D 二點各自的
　　絕對位置如何變化也必須保持 $\overline{CD}$ 值不變，因此增加水平距離觀測量 $\overline{CD}$ 可以提升
　　C、D 二點間的相對精度。

2. 因為 C、D 二點位置（坐標值）可以同時變化，只要保持 $\overline{CD}$ 不變即可，因此增加
　　水平距離觀測量 $\overline{CD}$ 無法提升 C、D 二點各自的絕對精度。

112 年 專門職業及技術人員高等考試試題／營建管理

一、公共工程於工程合約執行時，經常會發生工程變更，請問何謂工程變更，工程變更常發生的原因可以分成那幾類，每類請試述其變更原因？如何能減少工程變更？（25 分）

參考題解

（一）工程變更釋義

工程合約執行時，發生與合約原訂狀態不同，為確保工程順利進行，依合約中工程變更條款之規定，授權機關（或工程司）予以修改，廠商請求價金與工期調整之相關措施，稱為「工程變更」。

（二）工程變更常發生的原因

1. 機關方面：

（1）機關原需求變動。

（2）異常工地狀況（以異常地質最常見）。

（3）法令或政策變更。

（4）機關應辦事項發生變化。

（5）設計錯誤或疏漏。

（6）各標界面發生衝突。

（7）實作數量增減。

（8）工程後續擴充。

2. 廠商方面：

（1）替代方案（工法）之採用。

（2）基於安全因素。

（3）原設計材料或規格發生停產或缺貨。

3. 其他方面：

（1）發生不可抗力災害。

（2）人民陳情或抗爭。

（三）減少工程變更之方法：（＊）

1. 計畫應扣合需求定位：

   機關於計畫階段，應先掌握本身需求，瞭解建設計畫的設定目標與定位，訂定妥適之建造標準，核實編列預算，並於設計及施工階段依所定之建造標準落實執行，避免後續執行階段需求一再變更。

2. 強化設計者責任：

   為強化設計者責任，要求設計者瞭解機關採購需求及工程定位，並在此標準下進行設計。

3. 核實審查設計內容合理可行：

   主辦機關應檢核技術服務廠商所提設計內容是否符合契約約定，並督促善盡設計責任，務求現場與圖說一致，若施工期間確有數量漏算或設計與現況未一致，應依契約約定檢討責任歸屬。

4. 要求機關於工程招標前檢核應辦事項：

   為避免機關未完成前置作業即辦理工程招標，導致追加金額情形發生，依工程會「公共工程開工要件注意事項」要求機關辦理工程招標前，檢核機關應辦事項。

5. 主動篩選案件通知主管機關並公布：

   工程會每半年定期自「公共工程標案管理系統」篩選「變更設計追加金額」及「變更設計展延工期」前十大之案件，主動函請該工程之主管機關，將相關案件納入推動會報或相關會議檢討管控，並於工程會全球資訊網公布供各界參考。

6. 異常案件稽（查）核：

   針對變更設計異常之案件，適時依政府採購法辦理稽核或工程施工查核，確保工程施工品質及進度。

＊註：依公共工程委員會「避免變更設計及停工終解約之注意事項」之規定。

二、某工程所需作業項目、作業順序、作業工期如下表所示：（25 分）

（一）請用箭式法繪製工程網圖，並標示出要徑。

（二）請列表計算每項作業之最早開始時間、最早完成時間、最晚開始時間、最晚完成時間、總浮時、自由浮時、干擾浮時。

（三）請解釋何謂要徑與浮時？

作業項目	前置作業	作業時間
A	無	3
B	無	7
C	無	3
D	A	4
E	B	5
F	B	4
G	C	4
H	E	2
I	E	4
J	F,G,H	5

參考題解

（一）箭式法工程網圖

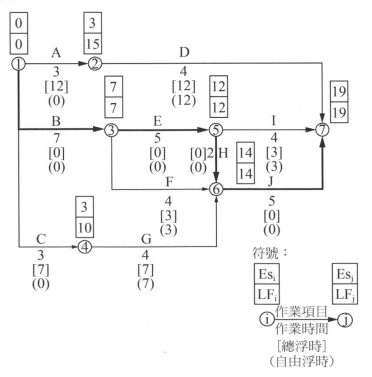

要徑：B→E→H→J

（二）作業之最早開始時間、最早完成時間、最晚開始時間、最晚完成時間、總浮時、自由浮時、干擾浮時：

作業之最早開始時間（ES_{ij}）、最早完成時間（EF_{ij}）、最晚開始時間（LS_{ij}）、最晚完成時間（LF_{ij}）、總浮時（TF_{ij}）、自由浮時（FF_{ij}）與干擾浮時（IF_{ij}），列表計算於下：

作業項目	i	j	作業時間	ES_{ij}	EF_{ij}	LS_{ij}	LF_{ij}	TF_{ij}	FF_{ij}	IF_{ij}	CP
A	1	2	3	0	3	12	15	12	0	12	
B	1	3	7	0	7	0	7	0	0	0	✓
C	1	4	3	0	3	7	10	7	0	7	
D	2	7	4	3	7	15	19	12	12	0	
E	3	5	5	7	12	7	12	0	0	0	✓
F	3	6	4	7	11	10	14	3	3	0	
G	4	6	4	3	7	10	14	7	7	0	
H	5	6	2	12	14	12	14	0	0	0	✓
I	5	7	4	12	16	15	19	3	3	0	
J	6	7	5	14	19	14	19	0	0	0	✓

（三）要徑與浮時意義

1. 要徑：

   工程網圖中工作路徑累積工期最長之路徑，要徑之各作業無浮時。

2. 浮時：

   工程網圖中在不影響總工期（完工工期）條件下，各作業可允許延遲開始或完成之時間，依其產生來源有總浮時、自由浮時、干擾浮時、獨立浮時與關係浮時等。

三、某混凝土工程試體抗壓強度試驗結果為 212、250、201、288、245、268、199 kg/cm²，請計算抗壓強度之統計量，包括樣本平均值、中位數、全距、偏差平方和、樣本變異數、樣本標準差及變異係數。（25 分）

參考題解

（一）樣本平均值 $\bar{x}$

$$\bar{x} = \frac{1}{n}\sum_{i=1}^{n} x_i = (212 + 250 + 201 + 288 + 245 + 268 + 199) / 7 = 237.6 \text{ kg/cm}^2$$

（二）中位數

由小而大依序為⇨199, 201, 212, 245, 250, 268, 288

中位數為排列於中間之數值⇨245 kg/cm²

（三）全距 R

R = $x_{max} - x_{min}$ = 288 − 199 = 89 kg/cm²

（四）偏差平方和

$$\sum_{i=1}^{n}(x_i - \bar{x})^2$$

$$= (212 - 237.6)^2 + (250 - 237.6)^2 + (201 - 237.6)^2 + (288 - 237.6)^2$$
$$\quad + (245 - 237.6)^2 + (268 - 237.6)^2 + (199 - 237.6)^2$$
$$= 7157.72 \ (\text{kg/cm}^2)^2$$

（五）樣本變異數 S^2

$$S^2 = \frac{\sum_{i=1}^{n}(x_i - \bar{x})^2}{n-1}$$
$$= 7157.72 / (7-1)$$
$$= 1192.95 \ (\text{kg/cm}^2)^2$$

（六）樣本標準差 S

$$S = \left[\frac{\sum_{i=1}^{n}(x_i - \bar{x})^2}{n-1}\right]^{1/2} = 34.54 \text{ kg/cm}^2$$

（七）樣本變異係數 V

$$V = \frac{S}{\bar{x}} \times 100\%$$
$$= 34.54 / 237.6 \times 100\%$$
$$= 14.54\%$$

四、某公共工程建設計畫經費預估內容如下表，請用現值法評估下列兩方案何者為佳？並
請說明如何解讀你計算結果，取 i＝10%。（25 分）

	方案 A	方案 B
期初成本	40 億	65 億
服務年限	12 年	20 年
殘值	6 億	3 億
每年收益	5 億	5 億
每年維護費用	2.5 億	2 億

因子符號	公式	因子名稱	因子英文代號
F/P	$(1+i)^n$	一次支付複利因子	C.A.
P/F	$\left(\dfrac{1}{(1+i)^n}\right)$	一次支付現值因子	P.W.
P/A	$\left(\dfrac{(1+i)^n-1}{i(1+i)^n}\right)$	等額現值因子	S.P.W.
A/P	$\left(\dfrac{i(1+i)^n}{(1+i)^n-1}\right)$	資本回收因子	C.R.
F/A	$\left(\dfrac{(1+i)^n-1}{i}\right)$	等額多次複利因子	S.C.A.
A/F	$\left(\dfrac{i}{(1+i)^n-1}\right)$	沉入資金付款因子	S.F.

參考題解

（一）方案評估

採現值法評估：

$$NPV = PV_1 + PV_2 + PV_3$$

$$PV_2 = AV(P/A, i, n) = AV\left[(1+i)^n-1\right]/\left[i(1+i)^n\right]$$

$$PV_3 = FV(P/F, i, n) = FV\left[1/(1+i)^n\right]$$

式中：

NPV：淨現值

PV_1：期初成本

PV_2：（每年收益－每年維護費用）化算現值

　　　　PV₂：殘值化算現值

　　　　AV：每期等額支付，即每年收益－每年維護費用

　　　　FV：殘值

1. 方案 A：

　　現金流量圖如下：

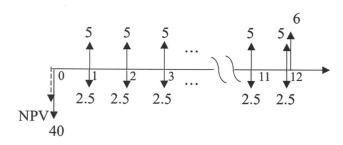

　　i = 10%，n = 12

　　NPV = −40 + (5 − 2.5)〔$(1 + 0.1)^{12} − 1$〕/〔$0.1(1 + 0.1)^{12}$〕+ 6〔$1 / (1 + 0.1)^{12}$〕

　　　　= −21.054（億元）

2. 方案 B：

　　現金流量圖如下：

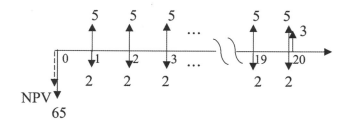

　　i = 10%，n = 20

　　NPV = −65 + (5 − 2)〔$(1 + 0.1)^{20} − 1$〕/〔$0.1(1 + 0.1)^{20}$〕+3〔$1 / (1 + 0.1)^{20}$〕

　　　　= −39.013（億元）

評估結果⇨

因 A 方案淨支出 21.054 億元較 B 方案淨支出 39.013 億元低，就經濟效益方面 A 方案為較佳方案。

（二）結果解讀

公共工程方案選擇，決策者需多方面綜合考量，本工程綜合解讀於下表：

項目	方案 A	方案 B
經濟效益	較佳	較差
使用年限	較短（12 年）	較長（20 年）
生命周期 預算需求	興建費用較低， 每年維護費用較高。	興建費用較高， 每年維護費用較低。

112
年
專門職業及技術人員高等考試試題／
大地工程學（包括土壤力學、基礎工程與工程地質）

一、某運動場工地需要大量回填土方，現有兩基地土方被考慮為被借土區，兩基地土方比重都是 2.70，其中 A 基地之土壤單位重 16 kN/m³，含水量 10%。B 基地之土壤單位重 14 kN/m³，含水量 14%。需求土方之運動場工地需要壓實後的土方為 30000 m³，含水量為 14%，單位重為 20 kN/m³。土方回填施工前，其中有一基地的土方因含水量不足，需要額外的加水。依市場調查，兩基地土方單價都是 800 元/m³，交通費 160 元/m³，若需另外加水其單價為 50 元/m³。試計算比較選擇 A 和 B 兩基地的土方，各自需要多少經費才可完成此運動場填土工程？（25 分）

參考題解

1. 假設題目提供之單位重皆為濕土單位重。

2. 額外加水其單價為50元/m³，假設題目所指為水的體積。

3. 計價皆以實方計算。

回填區運動場壓實後的土方為 30000 m³，含水量 14%，單位重為20 kN/m³

所需乾土總重量 $W_s = V_f \times \gamma_{d,f} = 30000 \times \dfrac{20}{1+0.14} = 526315.8$ kN

（一）如採用 A 區

$$A \text{ 區所需體積 } V_{b,A} = \frac{V_f \times \gamma_{d,f}}{\gamma_{d,b}} = \frac{30000 \times \dfrac{20}{1+0.14}}{\dfrac{16}{1+0.10}} = 36184.2 \text{ m}^3$$

需加水 $\Delta W_w = W_s \times (0.14 - 0.1) = 21052.6$ kN

所需水的體積 $\Delta V_w = 21052.6/9.81 = 2146.04$ m³

綜上，採用 A 區所需經費：

$36184.2 \times (800 + 160) + 2146.04 \times 50 = 34,844,134$ 元 ………… Ans.

若以全體積計算，則採用 A 區所需經費：

$36184.2 \times (800 + 160 + 50) = 36,546,042$ 元 ………… Ans.

（二）如採用 B 區

$$B 區所需體積 V_{b,B} = \frac{V_f \times \gamma_{d,f}}{\gamma_{d,b}} = \frac{30000 \times \frac{20}{1+0.14}}{\frac{14}{1+0.14}} = 42857.14 \text{ m}^3$$

需加水 $\Delta W_w = W_s \times (0.14 - 0.14) = 0kN$

所需水的體積 $\Delta V_w = 0m^3$

綜上，採用 B 區所需經費：

$42857.14 \times (800 + 160) = 41,142,857$ 元 ………… Ans.

比較 A、B 借土區所需費用，採用 A 區較為節省。

二、擋土牆高度為 H，牆背填土為具有凝聚力 c 及摩擦角 φ 之土壤，設土壤之莫爾庫倫破壞準則為 $\tau = c + \sigma_n \times \tan\phi$。

（一）試推導蘭金（Rankine）主動土壓力、被動土壓力之公式，並畫出該破壞準則分別與應力莫爾圓的關係。（15 分）

（二）分別列出蘭金（Rankine）主動與被動土壓係數及其土壓力合力。（10 分）

參考題解

（一）主動破壞時，此時最大主應力 $\sigma_1 = \sigma_v$，最小主應力 $\sigma_3 = \sigma_a$

$$\sigma_{avg1} = \frac{\sigma_1 + \sigma_3}{2} \text{ , } R_1 = \frac{\sigma_1 - \sigma_3}{2}$$

$$\sin\varphi = \frac{R_1}{c \times \cot\varphi + \sigma_{avg1}} = \frac{\frac{\sigma_1 - \sigma_3}{2}}{c \times \cot\varphi + \frac{\sigma_1 + \sigma_3}{2}}$$

整理得 $\Rightarrow \sigma_3 = \sigma_1 \times \frac{1 - \sin\varphi}{1 + \sin\varphi} - 2c\frac{\cos\varphi}{1 + \sin\varphi}$

$$\Rightarrow \sigma_3 = \sigma_1 \times \tan^2\left(45° - \frac{\varphi}{2}\right) - 2c \times \tan\left(45° - \frac{\varphi}{2}\right) \text{………… Ans.}$$

主動土壓力係數 $K_a = \frac{\sigma_h}{\sigma_v} = \frac{\sigma_a}{\sigma_v} = \frac{\sigma_3}{\sigma_1} = \tan^2\left(45° - \frac{\varphi}{2}\right)$

$\Rightarrow$ Rankine 主動土壓力 $\sigma_a = \gamma z K_a - 2c\sqrt{K_a}$ ………… Ans.

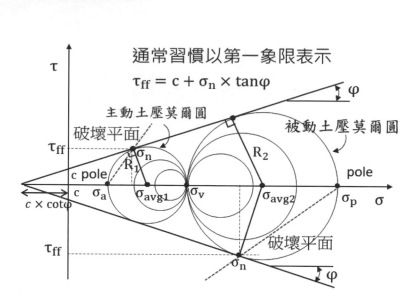

被動破壞時，此時最大主應力 $\sigma_1 = \sigma_p$，最小主應力 $\sigma_3 = \sigma_v$

$$\sigma_{avg2} = \frac{\sigma_1 + \sigma_3}{2} \ , \ R_2 = \frac{\sigma_1 - \sigma_3}{2}$$

$$\sin\varphi = \frac{R_2}{c \times \cot\varphi + \sigma_{avg2}} = \frac{\dfrac{\sigma_1 - \sigma_3}{2}}{c \times \cot\varphi + \dfrac{\sigma_1 + \sigma_3}{2}}$$

整理得 $\Rightarrow \sigma_1 = \sigma_3 \times \dfrac{1 + \sin\varphi}{1 - \sin\varphi} + 2c\dfrac{\cos\varphi}{1 - \sin\varphi}$

$$\Rightarrow \sigma_1 = \sigma_3 \times \tan^2\left(45° + \frac{\varphi}{2}\right) + 2c \times \tan\left(45° + \frac{\varphi}{2}\right) \ldots\ldots\ldots\ldots \text{Ans.}$$

被動土壓力係數 $K_p = \dfrac{\sigma_h}{\sigma_v} = \dfrac{\sigma_p}{\sigma_v} = \dfrac{\sigma_1}{\sigma_3} = \tan^2\left(45° + \dfrac{\varphi}{2}\right)$

$$\Rightarrow \sigma_1 = \sigma_3 \times K_p + 2c \times \sqrt{K_p}$$

$$\Rightarrow \text{Rankine 被動土壓力 } \sigma_p = \gamma z K_p + 2c\sqrt{K_p} \ldots\ldots\ldots\ldots \text{Ans.}$$

（二）土壓力合力如下圖所示

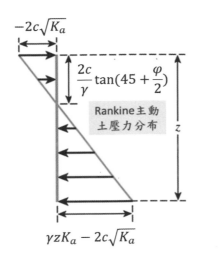
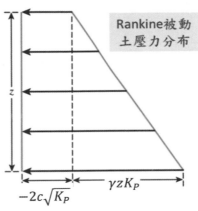

主動土壓力係數 $K_a = \dfrac{\sigma_h}{\sigma_v} = \dfrac{\sigma_a}{\sigma_v} = \dfrac{\sigma_3}{\sigma_1} = \tan^2\left(45° - \dfrac{\varphi}{2}\right) \ldots \ldots \ldots \ldots$ Ans.

主動土壓力合力 $P_a = \dfrac{1}{2}\gamma H^2 K_a - 2cH\sqrt{K_a} \ldots \ldots \ldots \ldots \ldots \ldots \ldots$ Ans.

被動土壓力係數 $K_p = \dfrac{\sigma_h}{\sigma_v} = \dfrac{\sigma_p}{\sigma_v} = \dfrac{\sigma_1}{\sigma_3} = \tan^2\left(45° + \dfrac{\varphi}{2}\right) \ldots \ldots \ldots \ldots$ Ans.

被動土壓力合力 $P_p = \dfrac{1}{2}\gamma H^2 K_p + 2cH\sqrt{K_P} \ldots \ldots \ldots \ldots \ldots \ldots \ldots$ Ans.

三、下表為某土壤之三軸試驗結果，試體為飽和正常壓密黏土，室壓（圍壓）維持在 10 kN/m^2，軸差應力逐漸增加至試體破壞。

軸向應變 εaxial（%）	0	1	2	4	6	8	10	12
軸向應力增量 Δσ(kPa)	0	3.5	4.5	5.2	5.4	5.6	5.7	5.8（破壞）
孔隙水壓增量 Δu(kPa)	0	1.9	2.8	3.5	3.9	4.1	4.3	4.4

（一）試繪 Δσ 和 Δu 對軸向應變 εaxial 之關係曲線圖，並計算破壞時超額孔隙水壓參數 A_f。（10 分）

（二）繪此試驗之總應力和有效應力之應力路徑（stress path），即 p, q 圖。（10 分）

（三）求此土壤之排水摩擦角為何？（已知 $c' = 0$）（5 分）

參考題解

（一）Δσ和Δu對軸向應變 ε_{axial}% 之關係曲線圖如下：

破壞時超額孔隙水壓力參數 $A_f = \dfrac{4.4}{5.8} = 0.76$ ……………………………………… Ans.

（二）總應力和有效應力之應力路徑如下：$\sigma_h = 10$ kPa

$\sigma_{1f} = 10 + 5.8 = 15.8$ kPa　　$\sigma_{3f} = 10$ kPa　　$\Delta u_f = 4.4$ kPa

$\sigma'_{1f} = \sigma'_{3f}K'_p + 2c'\sqrt{K'_p}$　　$c' = 0$　　$\Rightarrow 15.8 - 4.4 = (10 - 4.4)K'_p + 0$

$\Rightarrow K'_p = 2.036$　　$\Rightarrow$　　排水摩擦角 $\varphi' = 19.95° \approx 20°$ ………………… Ans.

$\tan\alpha = \sin\varphi' \Rightarrow K_f$ 線 $\alpha = \tan^{-1}\sin20° = 18.9°$

軸向應力增量 Δσ(kPa)	0	3.5	4.5	5.2	5.4	5.6	5.7	5.8
孔隙水壓力增量 Δσ(kPa)	0	1.9	2.8	3.5	3.9	4.1	4.3	4.4
σ_h					10			
σ_v	10	13.5	14.5	15.2	15.4	15.6	15.7	15.8
σ'_h	10	8.1	7.2	6.5	6.1	5.9	5.7	5.6
σ'_v	10	11.6	11.7	11.7	11.5	11.5	11.4	11.4
$p = \dfrac{\sigma_v + \sigma_h}{2}$	10	11.75	12.25	12.6	12.7	12.8	12.85	12.9
$q = \dfrac{\sigma_v - \sigma_h}{2}$	0	1.75	2.25	2.6	2.7	2.8	2.85	2.9
$p' = \dfrac{\sigma'_v + \sigma'_h}{2}$	10	9.85	9.45	9.1	8.8	8.7	8.55	8.5
$q' = \dfrac{\sigma'_v - \sigma'_h}{2}$	0	1.75	2.25	2.6	2.7	2.8	2.85	2.9

（三）如上計算：排水摩擦角 $\varphi' = 19.95° \approx 20°$ ………………Ans.

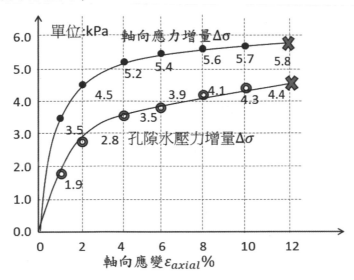

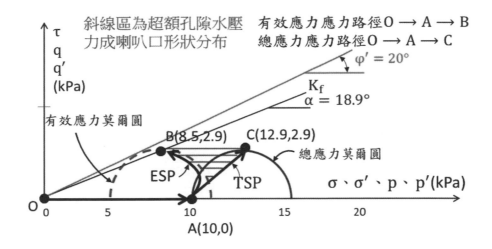

四、近期已通車使用之新北市安坑三孔隧道，它包含中間之輕軌隧道及平行鄰接兩邊之公路隧道。當初施工時以五孔隧道方式進行開挖施工，完成後為鄰接之三孔隧道。

（一）試說明為何不將此三個平行隧道獨立分開，而規劃此三個隧道相連鄰接在一起的可能原因？（5分）

（二）試繪橫斷面圖說明當初以五孔隧道開挖之配置關係及以五孔隧道進行開挖可能原因及目的為何？（10分）

（三）施工可能面臨工程地質之挑戰有那些（就土地徵收面積、覆土深度、隧道洞口等方面）？（10分）

參考題解

（一）安坑一號道路全長約 1.2 公里，其中一座雙孔單向雙線之公路隧道中間需另行設置一條輕軌捷運隧道。一般山岳隧道間距約為 20 公尺，而本工程三孔隧道兩兩間距約 1.5 公尺，以減少開挖造成地表環境破壞為核心，縮小施工需要的開挖範圍，有效的節省用地徵收經費約 2.7 億餘元。本案隧道所經過地質材料強度低，連拱開挖後剩餘中間岩柱強度不足以支撐上方岩體，因此採用三連拱眼鏡式中央導坑開挖工法，並構築混凝土壁體，作為主隧道間岩體強度改良以及隧道臨時開挖支撐承載點。

（二）三孔毗鄰隧道通過中新世南莊層，岩體膠結較弱，層理、節理等不連續面不發達。地質材料強度不高，考慮隧道開挖後隧道間中間岩柱恐無法支撐上方岩體重量，採用雙中央導坑搭配 RC 中間牆，配合主隧道小斷面側導坑開挖工法，先行開挖小斷面之中央導坑，構築中間鋼筋混凝土壁牆，作為主隧道開挖時之鋼支保支承座，並可兼具隧道間較弱岩體之地盤改良功能，待中央導坑開挖及支撐完畢，再進行東、西行線隧道側導坑開挖，最後再分階開挖輕軌捷運隧道及東、西行線隧道。相關五孔隧道開挖之配置橫斷面圖如下所示（以照片顯示）：

圖片來源：新北市政府。

（三）本工程具淺覆蓋、多連拱隧道及近接施工等特性，圍岩變形複雜於一般隧道工程。過程中具有以下特色：

1. 以光達掃描全面性監測隧道開挖後岩體之變形行為，以取代傳統計測，適時掌握圍岩變位量值，做為開挖施工之參考。現場施工即依據中央導坑開挖後地質資料及光達監測成果，改變施工順序及步驟，落實邊設計邊施工理念。

2. 本工程以「淺覆蓋三孔近接隧道」做為山岳隧道開鑿工法，有別於一般山岳隧道間距約為 20 公尺，而三孔隧道間距僅有 1.5 公尺，不僅縮小施工需要的開挖範圍，節省用地徵收經費約 2.7 億餘元。

3. 另為克服隧道上方軟弱的淺覆蓋土層，本工程特別在每座隧道間先施作導坑，以設置中間牆的特殊工法（在中央岩柱採用 RC 牆設置），並引進創新科技的 3 維光達監測控管施工風險，藉由控管施工風險可適當選用管幕灌漿材料，降低化學灌漿工法濫用，有效降低工程經費支出。

結構技師
專技高考

112年 專門職業及技術人員高等考試試題／
鋼筋混凝土設計與預力混凝土設計

※依據與作答規範：中國土木水利工程學會「混凝土工程設計規範與解說」（土木 401-110），
　　　　　　　　未依上述規範作答，不予計分。

D10，$d_b = 0.96$ cm，$A_b = 0.71$ cm²；D13，$d_b = 1.27$ cm，$A_b = 1.27$ cm²；

D25，$d_b = 2.54$ cm，$A_b = 5.07$ cm²；D29，$d_b = 2.87$ cm，$A_b = 6.47$ cm²；

D32，$d_b = 3.22$ cm，$A_b = 8.14$ cm²；D36，$d_b = 3.58$ cm，$A_b = 10.07$ cm²

一、一鋼筋混凝土簡支矩形梁，梁斷面寬度 b = 40 cm、深度 h = 60 cm，有效深度 d = 53 cm，
配置 4 支 D25 拉力鋼筋及 D13@15 箍筋。試求混凝土強度分別為 $f_c' = 210$ kgf/cm² 及
$f_c' = 280$ kgf/cm² 時，斷面的延展比與兩者的比值。（25 分）

參考題解

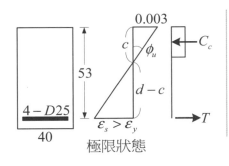
極限狀態

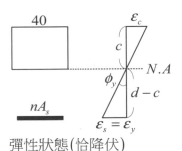
彈性狀態(恰降伏)

（一）計算 $f_c' = 210 \, kgf / cm^2$ 時的延展比 $u_{210} = \dfrac{\phi_u}{\phi_y}$

1. 計算極限狀態下的極限曲率 ϕ_u （假設 $f_y = 4200 \, kgf / cm^2$ ）

　（1）中性軸位置：

$$C_c = 0.85 f_c' ba = 0.85(210)(40)(0.85c) = 6069 \, c$$

$$T = A_s f_y = (4 \times 5.07)(4200) = 85176 \, kgf$$

$$C_c = T \Rightarrow 6069c = 85176 \quad \therefore c = 14.03 \, cm$$

$$\left(\varepsilon_s = \frac{d-c}{c} \times 0.003 = \frac{53 - 14.03}{14.03} \times 0.003 = 0.0083 > \varepsilon_y \right)$$

（2）極限曲率：$\phi_u = \dfrac{0.003}{c} = \dfrac{0.003}{14.03} = 2.14 \times 10^{-4}$

2. 計算彈性狀態下的降伏曲率 ϕ_y

（1）$n = \dfrac{E_s}{E_c} = \dfrac{2.04 \times 10^6}{12000\sqrt{210}} \approx 11.7 \Rightarrow nA_s = 11.7(4 \times 5.07) \approx 237.28 cm^2$

（2）中性軸位置：$\dfrac{1}{2} b \cdot c^2 = nA_s(d-c) \Rightarrow \dfrac{1}{2} \cdot 40 \cdot c^2 = 237.28(53-c)$

$\Rightarrow c^2 + 11.864c - 628.79 = 0 \quad \therefore c = 19.84 \ cm \ , -31.7（不合）$

（3）降伏曲率：$\phi_y = \dfrac{\varepsilon_y}{d-c} = \dfrac{0.002}{53-19.84} = 0.6 \times 10^{-4}$

3. 延展比：$u_{210} = \dfrac{\phi_u}{\phi_y} = \dfrac{2.14 \times 10^{-4}}{0.6 \times 10^{-4}} = 3.57$

（二）計算 $f_c' = 280 \ kgf/cm^2$ 時的延展比 $u_{280} = \dfrac{\phi_u}{\phi_y}$

1. 計算極限狀態下的極限曲率 ϕ_u（假設 $f_y = 4200 \ kgf/cm^2$）

（1）中性軸位置：

$$C_c = 0.85 f_c' ba = 0.85(280)(40)(0.85c) = 8092c$$

$$T = A_s f_y = (4 \times 5.07)(4200) = 85176 \ kgf$$

$$C_c = T \Rightarrow 8092c = 85176 \quad \therefore c = 10.53 \ cm$$

$$\left(\varepsilon_s = \dfrac{d-c}{c} \times 0.003 = \dfrac{53-10.53}{10.53} \times 0.003 = 0.012 > \varepsilon_y \right)$$

（2）極限曲率：$\phi_u = \dfrac{0.003}{c} = \dfrac{0.003}{10.53} = 2.85 \times 10^{-4}$

2. 計算彈性狀態下的降伏曲率 ϕ_y

（1）$n = \dfrac{E_s}{E_c} = \dfrac{2.04 \times 10^6}{12000\sqrt{280}} \approx 10.2 \Rightarrow nA_s = 10.2(4 \times 5.07) \approx 206.86 cm^2$

（2）中性軸位置：$\dfrac{1}{2} b \cdot c^2 = nA_s(d-c) \Rightarrow \dfrac{1}{2} \cdot 40 \cdot c^2 = 206.86(53-c)$

$\Rightarrow c^2 + 10.34c - 548.18 = 0 \quad \therefore c = 18.81 \ cm \ , -29.15（不合）$

（3）降伏曲率：$\phi_y = \dfrac{\varepsilon_y}{d-c} = \dfrac{0.002}{53-18.81} = 0.58 \times 10^{-4}$

3. 延展比：$u_{280} = \dfrac{\phi_u}{\phi_y} = \dfrac{2.85 \times 10^{-4}}{0.58 \times 10^{-4}} = 4.91$

（三）兩者比值：$\dfrac{u_{280}}{u_{210}} = \dfrac{4.91}{3.57} = 1.38$

二、鋼筋混凝土 T 型雙筋梁，斷面尺寸為梁腹寬 $b_w = 30$ cm，有效翼緣寬 $b_e = 90$ cm，翼緣厚 $h_f = 15$ cm，深度 $h = 70$ cm。假設梁腹下端有縱向拉鋼筋 8 根 D32 採雙排排列，壓力鋼筋量 18 cm²，箍筋為 D10，鋼筋保護層及上下層間距均依規範最小值之規定，混凝土強度 $f_c' = 280$ kgf/cm²，鋼筋 $f_y = 4200$ kgf/cm²。試求此斷面的設計彎矩強度 ϕM_n 為何？（25 分）

參考題解

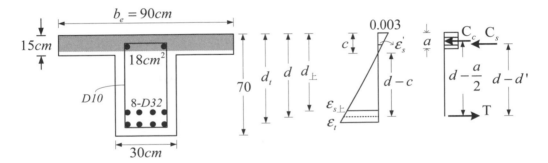

（一）計算 d、d'

假設 $d' = 6.5$ cm

$$d = h - \left(i + d_s + d_b + \frac{2.5}{2}\right) = 70 - \left(4 + 0.96 + 3.22 + \frac{2.5}{2}\right) = 60.57 \text{ cm}$$

$$d_{\perp} = d - \frac{2.5}{2} - \frac{d_b}{2} = 60.57 - \frac{2.5}{2} - \frac{3.22}{2} = 57.71 \text{ cm}$$

（二）混凝土與鋼筋受力（假設平衡時中性軸位置為 c，此時 $a < h_f$，且拉降壓不降）

1. 混凝土翼版：

$$C_c = 0.85 f_c' b_E a = 0.85(280)(90)(0.85c) = 18207c$$

2. 壓力筋：

$$\varepsilon_s' = \frac{c-d'}{c}(0.003) = \frac{c-6.5}{c}(0.003) \Rightarrow f_s' = E_s \varepsilon_s' = \frac{c-6.5}{c}(6120)$$

$$C_s = A_s'(f_s' - 0.85 f_c') = (18)\left[\frac{c-6.5}{c}(6120) - 0.85 \times 280\right] = 105876 - \frac{716040}{c}$$

3. 拉力筋：

$$T = A_s f_y = (8 \times 8.14)4200 = 273504 \ kgf$$

（三）中性軸位置

1. $C_c + C_s = T \Rightarrow 18207c + \left(105876 - \frac{716040}{c}\right) = 273504$

$$\Rightarrow 18207c^2 - 167628c - 716040 = 0$$

$$\Rightarrow c^2 - 9.21c - 39.33 = 0 \Rightarrow c = 12.39 \ , \ -3.18 \ (不合)$$

$$a = 0.85 c^{12.39} = 10.53 < h_f = 15 \ cm \ \therefore OK$$

$$\varepsilon_s' = \frac{c-d'}{c}(0.003) = \frac{12.39-6.5}{12.39}(0.003) = 0.0014 < \varepsilon_y \ (OK)$$

最上層鋼筋應變：$\varepsilon_s = \frac{57.71-12.39}{12.39}(0.003) = 0.011 > \varepsilon_y \ (OK)$

2. $C_c = 18207 c^{12.39} = 225585 \ kgf \approx 225.59 \ tf$

3. $C_s = 105876 - \frac{716040}{c^{12.39}} = 48084 \ kgf \approx 48.08 \ tf$

（四）計算 M_n

$$M_n = C_c\left(d - \frac{a}{2}\right) + C_s(d-d') = 225.59\left(60.57 - \frac{10.53}{2}\right) + 48.08(60.57-6.5)$$

$$= 15076 \ tf - cm = 150.76 \ tf - m$$

（五）計算 ϕM_n

$$\phi M_n = 0.9(150.76) = 135.684 \ tf - m$$

三、鋼筋混凝土懸臂矩形梁，跨度 3.5 m，梁斷面寬度 b = 35 cm、深度 h = 60 cm，有效深度 d = 53 cm，閉合箍筋及縱向鋼筋均採用 D13，承受偏心垂直均佈載重 W_u = 2.5 tf/m。若此梁設計時不考慮扭力，則此梁斷面所能承受之最大設計剪力 V_u 及臨界斷面最大偏心量 e 值為何？強度折減因子採 0.75，材料使用 f'_c = 280 kgf/cm², f_y = 4200 kgf/cm²。（25 分）

參考題解

（一）不考慮扭力筋 $\Rightarrow T_u \le \dfrac{1}{4}\phi T_{cr}$

1. $T_{cr} = 1.06\sqrt{f'_c}\dfrac{(A_{cP})^2}{P_{cp}} = 1.06\sqrt{280}\dfrac{(35\times60)^2}{2(35+60)} = 411690\ kgf-cm \approx 4.12tf-m$

2. 臨界斷面處設計扭矩：$T_u = \left[\cancel{w_u}^{2.5}(3.5-0.53)\right]\times e = 7.425\,e$

3. $T_u \le \dfrac{1}{4}\phi T_{cr} \Rightarrow 7.425e \le \dfrac{1}{4}(0.75)(4.12)\quad \therefore e \le 0.104\ m = 10.4\ cm$

（二）梁斷面可承受之最大設計剪力：剪力筋用到規範允許的上限值 $\Rightarrow V_s = 2.12\sqrt{f'_c}\,b_w d$

1. 斷面剪力計算強度

$V_c = 0.53\sqrt{f'_c}\,b_w d = 0.53\sqrt{280}\times35\times53 \approx 16451\ kgf$

$V_s = 2.12\sqrt{f'_c}\,b_w d = 4\times16451 = 65804\ kgf$

$V_n = V_c + V_s = 16451 + 65804 = 82255\ kgf \approx 82.26\ tf$

2. 可承受之最大設計剪力 $V_u = \phi V_n = 0.75\times82.26 = 61.695\ tf$

四、一簡支後拉預力混凝土單向版，短向跨度為 10 m，斷面深度 $h = 25$ cm，有效深度 $d =$ 22 cm，配置無握裹鋼絞線（$A_b = 1.47$ cm²）及普通具握裹鋼筋，兩者間距均為 20 cm。試求此單向版之計算撓曲強度 M_n。已知鋼絞線 $f_{pu} = 19000$ kgf/cm²，鋼鍵有效預力 $f_{se} =$ 11000 kgf/cm²，$f_{py} = 0.85 f_{pu}$，$f'_c = 420$ kgf/cm²，$f_y = 4200$ kgf/cm²。（25 分）

參考式：$f_{ps} = f_{se} + 700 + \dfrac{f'_c}{300\rho_p}$

參考題解

step1、計算最小非預力鋼筋

$$(A_s)_{min} = 0.004A = 0.004 \times 20 \times \frac{25}{2} = 1(cm^2)大於溫度鋼筋量(ok！)$$

step2、計算預力鋼鍵應力

當跨距與深度比 > 35 時，

$$f_{ps} = f_{se} + 700 + \frac{f'_c}{300\rho_p}，但 f_{ps} 不得大於 f_{py} 及 f_{se} + 2100$$

$$f_{ps} = f_{se} + 700 + \frac{f'_c}{300\rho_p} = 11000 + 700 + \frac{400}{300 \times \frac{1.47}{20 \times 22}} = 12119.04(kgf/cm^2)$$

此時，

$$f_{ps} = 12119.04\left(\frac{kgf}{cm^2}\right)需小於 f_{py}\left(\frac{16150kgf}{cm^2}\right) 及$$

$$f_{se} + 2100(13100kgf/cm^2)(ok！)$$

非預力鋼筋應力 $f_s = f_y = 4200(kgf/cm^2)$

$$w_p = \frac{A_{ps} \times f_{ps}}{bd_p \times f'_c} = \frac{1.47 \times 12119}{20 \times 22 \times 420} = 0.0964$$

$$w = \frac{A_s \times f_y}{bd \times f'_c} = \frac{1 \times 4200}{20 \times 22 \times 420} = 0.002273$$

$$w_p + \frac{d}{d_p}w = 0.0964 + \frac{20}{20} \times 0.002273 = 0.1191 \leq 0.36\beta_1(ok！)$$

<u>step3、計算撓曲強度 M_n</u>

其中，計算 a 的大小

$$1.47 \times 12119.04 + 1 \times 4200 = 0.85 \times 4200 \times a \times 20$$

$$\Rightarrow a = 3.083(cm)$$

$$M_n = A_{ps} \times f_{ps} \times \left(d_p - \frac{a}{2}\right) + A_s \times f_y \times \left(d - \frac{a}{2}\right)$$

$$= 1.47 \times 12119 \times \left(22 - \frac{3.083}{2}\right) + 1 \times 4200 \times \left(22 - \frac{3.083}{2}\right)$$

$$= 450390(kgf - cm) = 4.5(tf - m)\,\#$$

112 年 專門職業及技術人員高等考試試題／鋼結構設計

一、計算精確的有效長度係數，在鋼結構設計中相當重要。請用查圖的方法，試求下圖結構各柱子之有效長度係數（K）。鉸接（hinge）時，G 可用 10，固接（fixed）時，G 可用 1。（25 分）

柱與梁之 I 值表（單位：cm^4）

	柱 AD、BE and CF	柱 DG and EH	梁 EF	梁 DE and GH
I 值	16000	3000	17000	35000

參考題解

【試題解析】壓力桿件簡易題型，以連線圖解法計算有效長度係數 K 且不須修正。
假設柱、梁斷面肢材均符合半結實斷面

（一）計算柱、梁桿件的 $\dfrac{I}{L}$

1. $\left(\dfrac{I}{L}\right)_{AD} = \left(\dfrac{I}{L}\right)_{BE} = \left(\dfrac{I}{L}\right)_{CF} = \dfrac{16000}{400} = 40$

2. $\left(\dfrac{I}{L}\right)_{DG} = \left(\dfrac{I}{L}\right)_{EH} = \dfrac{3000}{400} = 7.5$

3. $\left(\dfrac{I}{L}\right)_{DE} = \left(\dfrac{I}{L}\right)_{GH} = \dfrac{35000}{600} = 58.333$

4. $\left(\dfrac{I}{L}\right)_{EF} = \dfrac{17000}{1000} = 17$

（二）計算各柱結點的勁度參數 G

1. 結點 A、B：固定端，$G_A = G_B = 1$

2. 結點 C：鉸接端，$G_C = 10$

3. 結點 D：$G_D = \dfrac{\left(\dfrac{I}{L}\right)_{AD} + \left(\dfrac{I}{L}\right)_{DG}}{\left(\dfrac{I}{L}\right)_{DE}} = \dfrac{40 + 7.5}{58.333} = 0.814$

4. 結點 E：$G_E = \dfrac{\left(\dfrac{I}{L}\right)_{BE} + \left(\dfrac{I}{L}\right)_{EH}}{\left(\dfrac{I}{L}\right)_{DE} + \left(\dfrac{I}{L}\right)_{EF}} = \dfrac{40 + 7.5}{58.333 + 17} = 0.631$

5. 結點 F：$G_F = \dfrac{\left(\dfrac{I}{L}\right)_{CF}}{\left(\dfrac{I}{L}\right)_{EF}} = \dfrac{40}{17} = 2.353$

6. 結點 G、H：$G_G = \dfrac{\left(\dfrac{I}{L}\right)_{DG}}{\left(\dfrac{I}{L}\right)_{GH}} = \dfrac{7.5}{58.333} = 0.129 = G_H$

（三）計算各柱有效長度係數 K：利用題目提供的側向未束制構架連線圖解表

$K_{AD} = 1.29$ ； $K_{BE} = 1.27$ ； $K_{CF} = 2.19$

$K_{DG} = 1.14$ ； $K_{EH} = 1.13$

二、有一 H 型鋼柱承受靜載軸壓 PD、活載軸壓 PL。柱長 650 cm，假設 Kx = Ky = 1.0。柱斷面為 H400 × 300 × 14 × 21，斷面性質 A = 182 cm²，Ix = 52510 cm⁴，Iy = 9840 cm⁴，rx = 17 cm，ry = 7.4 cm。鋼材 Fy = 3.5 tf/cm²，E = 2040 tf/cm²。

（一）請依 ASD 規範判斷挫屈型態。（15 分）

（二）柱長應該修改為多少？才能讓本題之挫屈型態位於柱標稱強度曲線圖上，彈性挫屈與非彈性挫屈之交界點？（10 分）

※參考公式：請自行選擇適合的公式，並檢查其正確性，若有問題應自行修正。

$$C_c = \sqrt{\frac{2\pi^2 E}{F_y}} \ , \ F_a = \frac{\left[1 - \frac{(KL/r)^2}{2C_c^2}\right]F_y}{\frac{5}{3} + \frac{3}{8}\left(\frac{KL/r}{C_c}\right) - \frac{1}{8}\left[\frac{(KL/r)^3}{C_c^3}\right]} \ , \ F_a = \frac{12}{23} \cdot \frac{\pi^2 E}{(KL/r)^2}$$

參考題解

【試題解析】壓力桿件 ASD 基本題型

檢核斷面肢材結實性：$H400 \times 300 \times 14 \times 21$

$$\lambda_f = \frac{b_f}{2t_f} = \frac{30}{2 \times 2.1} = 7.14 \leq \lambda_r = \frac{25}{\sqrt{F_y}} = 13.36$$

$$\lambda_w = \frac{h}{t_w} = \frac{40 - 2 \times 2.1}{1.4} = 25.57 \leq \lambda_r = \frac{68}{\sqrt{F_y}} = 36.35 \ ; 符合半結實斷面$$

（一）以 ASD 規範判斷挫屈型態

1. 計算 $(\frac{KL}{r})_{max}$

（1）$(\frac{KL}{r})_x = \frac{1 \times 650}{17} = 38.24$

（2）$(\frac{KL}{r})_y = \frac{1 \times 650}{7.4} = 87.84 \leq 200$ **Control**

2. $C_c = \sqrt{\frac{2\pi^2 E}{F_y}} = 107.262 \geq (\frac{KL}{r})_{max}$ → **非彈性挫屈**

（二）挫屈型態位於彈性、非彈性挫屈之交界點，計算柱長：

$$(\frac{KL}{r})_{max} = \frac{1 \times L}{7.4} = C_c = 107.262$$

柱長 $L = 793.74 \ cm$

三、下圖為一梁斷面，鋼之 $F_y = 2.5$ tf/cm²，$E_y = 2050$ tf/cm²，假設此梁有完全的側支撐，

試求此斷面之（一）降伏彎矩（10 分）；（二）塑性彎矩。（15 分）

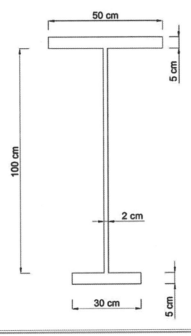

参考題解

【試題解析】偽裝成鋼構梁桿件的材力題型，計算降伏彎矩 M_y、塑性彎矩 M_p。

假設鋼梁斷面肢材符合結實斷面

（一）計算降伏彎矩 M_y

 1. 計算斷面中性軸 NA 位置 y_t （自斷面上緣起算）

  鋼梁斷面積 $A = 50 \times 5 + 100 \times 2 + 30 \times 5 = 600 \ cm^4$

$$y_t = \frac{\sum A_i y_i}{\sum A_i} = \frac{(50 \times 5) \times 2.5 + (100 \times 2) \times 55 + (30 \times 5) \times 107.5}{600}$$

$$= 46.25 \ cm$$

$$y_b = 110 - 46.25 = 63.75 \ cm$$

 2. 計算 M_y

$$I_x = \frac{1}{3}(50 \times 46.25^3 - (50 - 2) \times (46.25 - 5)^3 + 30 \times 63.75^3$$
$$- (30 - 2) \times (63.75 - 5)^3) = 1224063 \ cm^4$$

$$M_y = F_y S_x = F_y(I_x/y_b) = 2.5(1224063/63.75) = 48002 \ tf - cm$$

$$\mathbf{M_y = 480.02 \ tf - m}$$

補充說明：單對稱斷面代入 y_t 或 y_b 之大者。

（二）計算塑性彎矩 M_p

1. 計算塑性中性軸 PNA 位置 y_t（自斷面上緣起算）

   鋼材斷面 F_y、E_y 均相同，PNA 位於面積等分線

   $$50 \times 5 + (y_t - 5) \times 2 = \frac{A}{2} = 300 \Rightarrow y_t = 30 \ cm$$

   $$y_b = 110 - 30 = 80 \ cm$$

2. 計算 M_p

   $$Z_x = (50 \times 30) \times 15 - ((50 - 2) \times (30 - 5)) \times 12.5 + (30 \times 80) \times 40$$
   $$- ((30 - 2) \times (80 - 5)) \times 37.5 = 24750 \ cm^3$$

   $$M_p = F_y Z_x = 2.5 \times 24750 = 61875 \ tf - cm$$

   $$\boldsymbol{M_p = 618.75 \ tf - m}$$

四、請說明焊接接合的破壞形式？（25 分）

參考題解

【**試題解析**】題目雖冷僻但易發揮。建議從銲接的五大檢核下筆，繪圖說明更佳。

銲接接合之破壞形式如下：

（一）銲道本體的破壞：

1. 銲道剪力破壞：常發生於填角銲，因剪力過大，造成銲道剪切分離。

2. 銲道拉力破壞：例如開槽銲，因拉力過大，產生銲道拉裂破壞。

3. 銲道壓力破壞：例如開槽銲，因壓力過大，產生銲道壓碎破壞。

4. 銲道缺陷破壞：應以適用之非破壞性檢測排除。

（二）連接元件（母材）本身的破壞：

1. 母材的剪力破壞：母材因剪力強度不足，於母材本身剪力破壞。

2. 母材的塊狀剪力破壞：母材一面產生拉裂，垂直此面發生剪裂的塊狀破壞。

補充說明：本題說明銲接接合之破壞形式，故母材的拉力全斷面降伏、有效淨斷面斷裂不予
　　　　　討論。

112年 專門職業及技術人員高等考試試題／結構動力分析與耐震設計

一、長度為 L 的均質等斷面簡支梁如圖。假設其斷面慣性矩為 I、彈性模數為 E、單位長度質量為 $\bar{m}$。在梁中點受鉛垂向下的集中力 $P(t)$ 作用。回答下列問題：

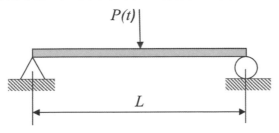

（一）推導運動方程式。（8分）

（二）證明第 n 個模態之模態頻率為 $\omega_n = \dfrac{n^2\pi^2}{L^2}\sqrt{\dfrac{EI}{\bar{m}}}$，且模態函數為 $\phi_n(x) = \sin\left(\dfrac{n\pi x}{L}\right)$。

（12分）

（三）求第 n 個模態的模態載重函數。（5分）

參考題解

（一）此為連體系統考題取為小元素之 free body 如下圖

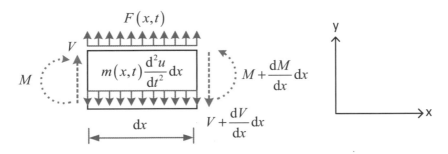

對右側橫截面中心取力矩平衡：$\circlearrowleft + M = 0$

$$M + Vdx - \left(M + \frac{dM}{dx}dx\right) - m(x)\frac{d^2u}{dt^2}dx\left(\frac{dx}{2}\right) + F(x,t)dx\left(\frac{dx}{2}\right) = 0$$

忽略高階微小量即 $(dx)^2 \Rightarrow$ 化簡得 $\dfrac{\partial M}{\partial x} = V$

另一尤拉梁彎矩曲率

$$M = EI(x)\frac{d^2u}{dx^2}$$

所以，

$$\Rightarrow V = \frac{\partial}{\partial x}\left(EI(x)\frac{d^2u}{dx^2}\right)\dots\dots(a)$$

又 ↑ $+\Sigma F_y = 0$

$$V - \left(V + \frac{\partial V}{dx}dx\right) - m(x)\frac{d^2u}{dt^2}dx + F(x,t) = 0$$

所以，

$$\Rightarrow \frac{\partial V}{dx} + m(x)\frac{d^2u}{dt^2} - F(x,t) = 0\dots\dots(b)$$

(a) 代入 (b) 得到

$$\Rightarrow \frac{d^2}{dx^2}\left(EI(x)\frac{d^2u}{dx^2}\right) + m(x)\frac{d^2u}{dt^2} = F(x,t)$$

因為 $m(x) = \bar{m}$；$EI(x) = EI$；$F(x,t) = P(t)\delta\left(x - \frac{L}{2}\right)$

故，

$$\Rightarrow EI(x)\frac{d^4u}{dx^4} + \bar{m}\frac{d^2u(x,t)}{dt^2} = P(t)\,\delta\left(x - \frac{L}{2}\right)\#$$

（二） $EI(x)\dfrac{d^4u}{dx^4} + \bar{m}\dfrac{d^2u}{dt^2} = 0 \Rightarrow u'''' + \dfrac{\bar{m}}{EI}u'' = 0\dots\dots PDE$ 問題

由分離變數法：設 $u(x,t) = \emptyset(x)g(t)$ 代入上式

$$\emptyset''''(x)g(t) = -\frac{M}{EI}\emptyset(x)g''(t) \Rightarrow \frac{\emptyset''''(x)}{\emptyset(x)} = -\frac{\bar{m}}{EI}\frac{g''(t)}{g(t)}a^4 \text{（假設）} = \text{常數}$$

$\Rightarrow 2$ 個獨立的ODE：

$$g''(t) + w^2 g(t) = 0\dots\dots(a)(\text{其中}w^2 = \frac{a^4 EI}{\bar{m}})$$

$$\emptyset''''(x) - a^4\emptyset(x) = 0\dots\dots(b)$$

(a) $g(t) = \dfrac{g'(0)}{w}\sin(wt) + g(0)\cos(wt)$ （由$SDOF$無阻尼公式）

(b) 4 階ODE設 $\emptyset(x) = Ce^{sx}\dots\dots$ 代入(b)式

$(s^4 - a^4)Ce^{sx} = 0 \Rightarrow s = \mp a, \pm ia$

所以 $\varnothing(x) = C_1 e^{iax} + C_2 e^{-iax} + C_3 e^{ax} + C_4 e^{-ax} \dots \dots$ 由三角函數和雙曲函數代替

$\quad \Rightarrow \varnothing(x) = A sin(ax) + B cos(ax) + C sinh(ax) + D cosh(ax)$

$\quad x = 0$ 時，位移和彎矩為 0

所以 $\varnothing(0) = 0$，且 $M(0) = EI\varnothing''(0)\ or\ \varnothing''(0) = L$

$\quad x = L$ 時位移和彎矩為 0

所以 $\varnothing(L) = 0$，且 $M(L) = EI\varnothing''(L)\ or\ \varnothing''(L) = 0$

因此 $\varnothing(0) = A sin(0) + B cos(0) + C sinh(0) + D cosh(0) = B + D = 0$

$\quad \varnothing''(0) = a^2\big(-A sin(0) - B cos(0) + C sinh(0) + D cosh(0)\big)$

$\quad\quad = a^2(-B + D) = 0$

所以 $B = D = 0$

再由 $\varnothing(L) = 0$ 和 $\varnothing''(L) = 0$

$\quad A sin(aL) + C sinh(aL) = 0$

$\quad -A sin(aL) + C sinh(aL) = 0$

> 工數 revview
>
> $[A][x] = [0]$
>
> $det|A| \neq 0$ 則 $[x]$ 具唯一解 $[x] = 0$

$if\ A = C = 0$ 則梁將靜止，所以要，

$$\begin{vmatrix} sin(aL) & sinh(aL) \\ -sin(aL) & sinh(aL) \end{vmatrix} = 0 \Rightarrow sin(aL)sinh(aL) = 0 \ ; \ sinh(aL) \neq 0$$

所以 $sin(aL) = 0$ 根據三角函數 $a_n L = n_\pi$，$n = 1,2,3 \dots \dots \infty$

已知 $w^2 = \dfrac{a^4 EI}{\overline{m}}$，所以 $w_n{}^2 = \dfrac{n^4\pi^4}{L^4}\dfrac{EI}{\overline{m}} \Rightarrow w_n = \dfrac{n^2\pi^2}{L^2}\sqrt{\dfrac{EI}{\overline{m}}}$ #

又因為 $sin(aL) = 0$ 所以 $C = 0$

所以 $\varnothing_n(x) = A_n sin(a_n x) = A_n \sin\left(\dfrac{n\pi x}{L}\right)$，$A_n$ 不影響模態形狀

$\quad \Rightarrow \varnothing_n(x) = \sin\left(\dfrac{n\pi x}{L}\right)$

（三）$P_n(t) = \int_0^L \varnothing_x(x)\,\delta\left(x - \dfrac{L}{2}\right)P(t)dx = \varnothing_n\left(\dfrac{L}{2}\right)P(t)$

所以 $P_n(t) = \sin\left(\dfrac{n\pi}{L} \times \dfrac{L}{2}\right)P(t)$

$\Rightarrow P_n(t) == \sin\left(\dfrac{n\pi}{2}\right)P(t)$，$n = 1,2,3 \ldots \ldots \infty$ #

二、二層樓之剪力建築（shear building），已知各樓層質量為 10000 公斤，且 1、2 樓層間勁度分別是 200000 N/m 及 180000 N/m。回答下列問題：

（一）求質量矩陣、勁度矩陣、各振態頻率、振態向量、振態質量、振態勁度、振態參與因子。（15 分）

（二）假設依工程設計規範規定，自然頻率為 1Hz 和 5Hz 時的阻尼比應該是 0.03 及 0.05，又規定採用 Rayleigh Damping：$C = \alpha M + \beta K$。試求其係數 α 及 β，並求本結構第一振態的阻尼比。注意，公式中的頻率單位應該轉換為角頻率，而非 Hz。（10 分）

參考題解

先行計算所列參數：

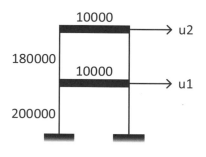

$$[M] = \begin{bmatrix} 10000 & 0 \\ 0 & 10000 \end{bmatrix}(kg)$$

$$[k] = \begin{bmatrix} 380000 & -180000 \\ 180000 & 180000 \end{bmatrix}(N/m)$$

取 $m = 10000$，$k = 10000$，$B = \dfrac{mw^2}{k} = W^2$

$\Rightarrow |[k] - W^2[M]| = 0 \Rightarrow \begin{vmatrix} 38 - B & -18 \\ -18 & 18 - B \end{vmatrix} = 0$

$\Rightarrow (38 - B)(18 - B) - 18^2 = 0$

$\Rightarrow B^2 - 56B + 360 = 0$，可得 $B = \dfrac{56 \pm \sqrt{56^2 - 4 \times 36}}{2} = \dfrac{56 \pm 41.183}{2}$

$\Rightarrow B_1 = 7.4085 \Rightarrow w_1 = 2.722(rad/s)$ #

$$\Rightarrow B_2 = 48.5915 \Rightarrow w_2 = 6.971(rad/s) \ \#$$

$$\Rightarrow \begin{bmatrix} 30.5915 & -18 \\ -18 & 10.5915 \end{bmatrix} \tilde{\phi}_1 = \tilde{O} \Rightarrow \tilde{\phi}_1 = \begin{bmatrix} 0.588 \\ 1 \end{bmatrix} \ \#$$

$$\begin{bmatrix} -10.5915 & -18 \\ -18 & -30.5915 \end{bmatrix} \tilde{\phi}_2 = \tilde{O} \Rightarrow \tilde{\phi}_2 = \begin{bmatrix} -1.699 \\ 1 \end{bmatrix} \ \#$$

振態質量 $= M_n = \tilde{\phi}_n^{\ T}[M]\tilde{\phi}_n$

$$\Rightarrow M_1 = 0.588^2(10000) + 1^2(10000) = 13457.44(kg)$$

$$M_2 = (-1.699)^2(10000) + 1^2(10000) = 38866.01(kg)$$

$$P_n = \frac{L_n}{M_n} = \frac{\tilde{\phi}_n^{\ T}[M][1]}{\tilde{\phi}_n^{\ T}[M]\tilde{\phi}_n}$$

$$\Rightarrow P_1 = \frac{L_1}{M_1} = \frac{(0.588)(10000) + (1)(10000)}{M_1} \Rightarrow P_1 = 1.18 \ \#$$

$$\Rightarrow P_2 = \frac{L_2}{M_2} = \frac{(-1.699)(10000) + (1)(10000)}{M_2} \Rightarrow P_2 = -0.180 \ \#$$

$$\begin{bmatrix} \xi_1 \\ \xi_2 \end{bmatrix} = \frac{1}{2}\begin{bmatrix} \dfrac{1}{w_1} & w_1 \\ \dfrac{1}{w_2} & w_2 \end{bmatrix}\begin{bmatrix} \alpha \\ \beta \end{bmatrix} \Rightarrow \begin{bmatrix} 0.03 \\ 0.05 \end{bmatrix} = \frac{1}{2}\begin{bmatrix} \dfrac{1}{210} & 2\pi \\ \dfrac{1}{10\pi} & 10\pi \end{bmatrix}\begin{bmatrix} \alpha \\ \beta \end{bmatrix}$$

所以 $\begin{bmatrix} \alpha \\ \beta \end{bmatrix} = \dfrac{2}{4.8}\begin{bmatrix} 10\pi & -2\pi \\ \dfrac{-1}{10\pi} & \dfrac{1}{2\pi} \end{bmatrix}\begin{bmatrix} 0.03 \\ 0.05 \end{bmatrix} \Rightarrow \begin{bmatrix} \alpha \\ \beta \end{bmatrix} = \begin{bmatrix} 0.262 \\ 0.00292 \end{bmatrix}$

$$\xi_1 = \frac{1}{2}\left[(0.262)\left(\frac{1}{2.722}\right) + (0.00292)(2.722)\right] \Rightarrow \xi_1 0.0521 \ \#$$

三、有關隔震建築設計，請回答下列問題：

（一）隔震裝置為何必需具備足夠消能能力？試舉出至少兩種具備有消能能力的隔震裝置。（6 分）

（二）隔震設計採用靜力分析法的適用條件為何？至少列舉 3 項。（7 分）

（三）已知一隔震系統上結構總靜載重為 5000 KN，在設計位移為 0.4 m 下之有效勁度為 1000 KN/m，且其在設計位移下之遲滯迴圈面積為 50 KN-m。試求在設計位移下的有效震動週期和等效阻尼比。（6 分）

（四）隔震建築設計詳細要求中，對於抗傾倒的要求方面，需考慮最大傾倒力矩為何？抗傾倒力矩為何？其理由為何？（6 分）

參考題解

（一）隔震層較具柔性，位移較大，要能消能抑制位移，例如 LRB + FVD 或 FPS

（二）規則性、有效週期 $T_e \leq 2.5(sec)$，座落於第 1 或第 2 之地盤且離第 1 類活動斷層不會太近。

（三）$T_{eD} = 2\pi \sqrt{\dfrac{W}{K_{eD}g}} = 2\pi \sqrt{\dfrac{5000}{1000 \times 9.81}} = 4.486(sec)$ #

$\xi_{eD} = \dfrac{1}{2\pi}\left(\dfrac{A_T}{K_{eD}{D_D}^2}\right) = \dfrac{1}{2\pi}\left(\dfrac{50}{1000 \times 0.4^2}\right) \Rightarrow \xi_{eD} = 0.05$ #

（四）傾倒力拒應以設計地表力之 1.5 倍計算，抗傾倒力矩則依上構重量之 0.9 倍算。

四、已知單自由度動力系統之質量 m = 1 kg，勁度 k = 16 π^2 N/m。

（一）試求如下圖 a~c 所表現的三種遲滯迴圈特性的消能器分別在外力頻率為 2π rad/sec、4π rad/sec 作用下，振幅分別為 0.01 m，0.02 m 時的等值線性黏滯阻尼比（共計十二種組合）。圖 a 及圖 b 為橢圓形遲滯迴圈，圖 c 為矩形遲滯迴圈，且圖 a 中的符號 ω 表示振動頻率，所有力量單位為 N，質量單位為 kg，長度單位為 m。（15 分）

（二）詳細説明最新建築物耐震設計規範中建築物使用消能減震技術的數量以及安裝位置及消能器所能承受力量與位移之規定，並説明其規定用意。（10 分）

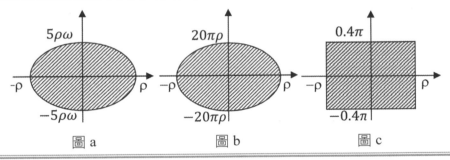

圖 a   圖 b   圖 c

參考題解

（一）$m = 1\,(kg)$，$k = 16\pi^2 \left(\dfrac{N}{m}\right) \Rightarrow w_n = \sqrt{\dfrac{k}{m}} = 4\pi$

$$\xi_{eD} = \frac{1}{4\pi}\frac{1}{\left(\frac{w}{w_n}\right)}\frac{E_D}{E_{SO}} = \frac{1}{4\pi}\left(\frac{1}{\left(\frac{w}{w_n}\right)}\right)\frac{[面積]}{\frac{1}{2}K\rho^2}$$

	圖(a) $[\pi 5\rho^2 w]$	圖(b) $[\pi^2 20\rho^2]$	圖(c) $[1.6\rho\pi]$
$w = 2\pi$， $\rho = 0.01$	$\dfrac{5}{\pi}$	$\dfrac{5}{4\pi}$	$\dfrac{10}{\pi^2}$
$w = 2\pi$， $\rho = 0.02$	$\dfrac{5}{8\pi}$	$\dfrac{5}{4\pi}$	$\dfrac{5}{\pi^2}$
$w = 4\pi$， $\rho = 0.01$	$\dfrac{5}{8\pi}$	$\dfrac{5}{8\pi}$	$\dfrac{5}{\pi}$
$w = 4\pi$， $\rho = 0.02$	$\dfrac{5}{8\pi}$	$\dfrac{5}{8\pi}$	$\dfrac{5}{2\pi}$

（二）依《建築物耐震設計規範及解說》第十章 含被動消能系統建築物之設計

　　10.1.2　被動消能設計基本原則：

　　　　本章所訂消能建築之設計基本原則為：對所有消能建築，要求在中小度地震下須完全保持彈性，且非結構元件無明顯損壞；在設計地震下，消能系統能正常發揮功能，而原結構體可容許產生降伏，但使用之韌性不得超過其容許韌性容量 Ra。在最大考量地震下，消能系統仍能正常發揮功能，而原結構體容許產生降伏，但使用之韌性不得高於規定之韌性容量 R。若未能符合 10.3 節有關可進行線性分析規定之消能建築物，則須依照 10.4 節之規定進行非線性動力分析。

　　　　相較於由最大考量地震計算所得之最大值，消能元件應能承受更大之位移（及速度，對速度型元件而言），位移（及速度）容量之增加與消能系統所提供的贅餘程度有關。

1. 建築物之某一樓層於其主軸方向若提供 4 組以上之消能元件，且在樓層剛心之兩側配置 2 組以上時，則所有消能元件須能承受經由最大考量地震計算出之最大總位移的 1.3 倍。惟速度型元件至少另須能承受經由最大考量地震計算出最大總速度的 1.3 倍所對應之力。

2. 建築物之某一樓層於其主軸方向若提供少於 4 組之消能元件，或在樓層剛心之兩側配置 少於 2 組時，則所有消能元件須能承受經由最大考量地震計算出之最大總位移之 2.0 倍。惟速度型元件至少另須能承受經由最大考量地震計算出之最大總速度的 2.0 倍所對應之力。在前述第一項或第二項所述之規定下，位於消能元件間傳遞作用力之構材與接頭須適當設計使其在線彈性範圍之內。

　　（1）避免扭轉不規則、（2）確保消能系統之贅餘度。

112 年 專門職業及技術人員高等考試試題／結構學

一、試分析一平面構架如下圖所示，點 D 為鉸支承，點 B 為滾支承，假設所有桿件之彈性模數與斷面慣性矩乘積為 EI = 20,000 kN-m^2。若構架中點 D 支承下陷 3 mm 情況下，為使點 E 垂直向位移為零，試求應在點 F 施加之水平力 P 大小為何？（25 分）

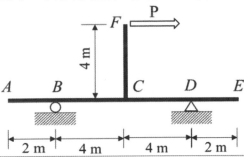

參考題解

以單位力法計算需施加的水平力 P

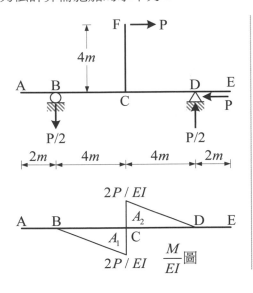

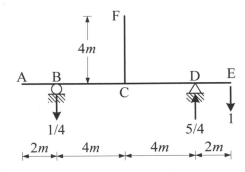

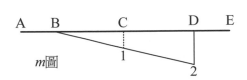

（一）計算 $\sum A_i y_i$

$$A_1 = -\frac{1}{2} \times \frac{2P}{EI} \times 4 = -\frac{4P}{EI} \qquad y_1 = -\frac{2}{3}$$

$$A_2 = \frac{1}{2} \times \frac{2P}{EI} \times 4 = \frac{4P}{EI} \qquad y_2 = -\left(1 + 1 \times \frac{1}{3}\right) = -\frac{4}{3}$$

$$\Rightarrow \sum A_i y_i = A_1 y_1 + A_2 y_2 = \left(-\frac{4P}{EI}\right)\left(-\frac{2}{3}\right) + \left(\frac{4P}{EI}\right)\left(-\frac{4}{3}\right) = -\frac{8}{3}\frac{P}{EI}$$

（二）代入單位力法公式

$$r_s \Delta_s + 1 \cdot \Delta_{EV} = \int m\frac{M}{EI}dx = \sum A_i y_i \Rightarrow -(1.25)(0.003) + 1 \cdot 0 = -\frac{8}{3}\frac{P}{EI} \quad \therefore P = 28.125\ kN$$

PS：本題中，用不到 CF 段的 M/EI 圖，故未劃入圖中。

二、試分析一平面桁架如下圖所示，點 A 為鉸支承，點 D 為滾支承，假設所有桿件之彈性模數與斷面積乘積為 EA = 200,000 kN。若桁架中點 B 承受一垂直載重 30 kN，試求桿件 BD 中之內力並標註受壓或受拉。（25 分）

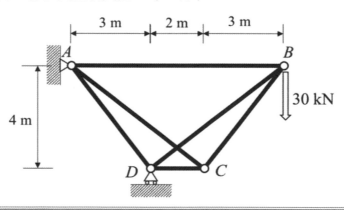

參考題解

以諧和變位法求解，選取 BD 桿件內力為贅力

（一）計算各桿件內力

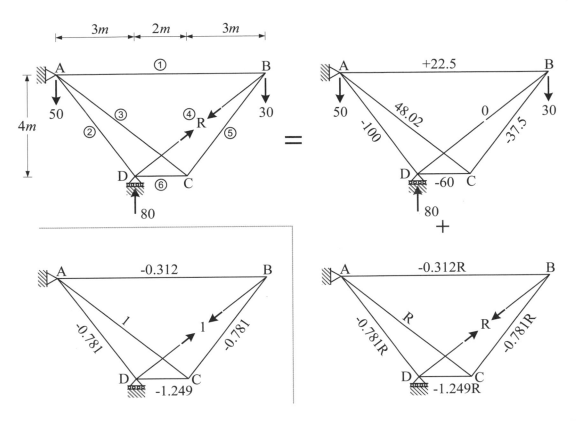

桿件	外力 S	贅力 R	n	L(m)	$n \cdot S \cdot L$	$n \cdot R \cdot L$
①	22.5	−0.312R	−0.312	8	−56.16	0.779R
②	−100	−0.781R	−0.781	5	390.5	3.05R
③	48.02	R	1	6.403	307.47	6.403R
④	0	R	1	6.403	0	6.403R
⑤	−37.5	−0.781R	−0.781	5	146.44	3.05R
⑥	−60	−1.249R	−1.249	2	149.88	3.12R
合計					938.13	22.805R

（二）代入諧和變位法公式

$$1 \cdot \Delta_{切口} = \sum \left(n \cdot \frac{SL}{EA} + n \cdot \frac{RL}{EA} \right) \Rightarrow 0 = \frac{938.13}{EA} + \frac{22.805R}{EA} \therefore R = -41.14 \ kN$$

（三）BD 桿件內力為壓力 41.14 kN。

三、下圖為一平面構架，點 *D* 為固定支承，點 *A* 為鉸支承，點 *C* 為滾支承，此構架點 *A* 至
B 間梁桿件承受一水平向均佈載重 20 kN/m，且點 *B* 至 *C* 間梁桿件中央承受一垂直集
中載重 50 kN。設所有桿件 *EI* 為定值，且忽略桿件軸向變形，試用傾角變位法，求各
桿件端點彎矩及各支承之反力。（25 分）

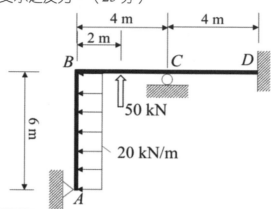

參考題解

（一）固端彎矩

$$H_{BA}^{F} = -\frac{1}{8} \times 20 \times 6^2 = -90 \ kN - m$$

$$M_{BC}^{F} = \frac{1}{8} \times 50 \times 4 = 25 \ kN - m$$

$$M_{CB}^{F} = -\frac{1}{8} \times 50 \times 4 = -25 \ kN - m$$

（二）K 值比 $\Rightarrow k_{AB} : k_{BC} : k_{CD} = \dfrac{EI}{6} : \dfrac{EI}{4} : \dfrac{EI}{4} = 2 : 3 : 3$

（三）R 值比：沒有 R

（四）傾角變位式

$$M_{BA} = 2[1.5\theta_B] - 90 = 3\theta_B - 90$$

$$M_{BC} = 3[2\theta_B + \theta_C] + 25 = 6\theta_B + 3\theta_C + 25$$

$$M_{CB} = 3[\theta_B + 2\theta_C] - 25 = 3\theta_B + 6\theta_C - 25$$

$$M_{CD} = 3[2\theta_C] = 6\theta_C$$

$$M_{DC} = 3[\theta_C] = 3\theta_C$$

（五）力平衡條件

1. $\sum M_B = 0$, $M_{BA} + M_{BC} = 0 \Rightarrow 9\theta_B + 3\theta_C = 65$

2. $\sum M_C = 0$, $M_{CB} + M_{CD} = 0 \Rightarrow 3\theta_B + 12\theta_C = 25$

聯立上二式，可得 $\begin{cases} \theta_B = 7.121 \\ \theta_C = 0.303 \end{cases}$

（六）代回傾角變位式得各桿端彎矩

$M_{BA} = 3\theta_B - 90 = -68.64 \ kN-m \ (\curvearrowleft)$

$M_{BC} = 6\theta_B + 3\theta_C + 25 = 68.64 \ kN-m \ (\curvearrowright)$

$M_{CB} = 3\theta_B + 6\theta_C - 25 = -1.82 \ kN-m \ (\curvearrowleft)$

$M_{CD} = 6\theta_C = 1.82 \ kN-m \ (\curvearrowright)$

$M_{DC} = 3\theta_C = 0.91 \ kN-m \ (\curvearrowright)$

（七）支承反力計算

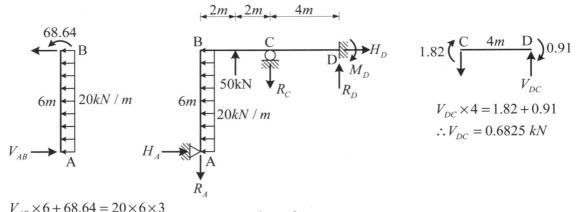

$V_{DC} \times 4 = 1.82 + 0.91$

$\therefore V_{DC} = 0.6825 \ kN$

$V_{AB} \times 6 + 68.64 = 20 \times 6 \times 3$

$\therefore V_{AB} = 48.56 \ kN$

$V_{BC} \times 4 + 1.82 = 50 \times 2 + 68.64$

$\therefore V_{BC} = 41.705 \ kN$

1. A 點反力：$\begin{cases} H_A = V_{AB} = 48.56 \ kN \ (\rightarrow) \\ R_A = V_{BC} = 41.705 \ kN \ (\downarrow) \end{cases}$

2. D 點反力：

（1） $\begin{cases} R_D = V_{DC} = 0.6825 \ kN \ (\uparrow) \\ M_D = M_{DC} = 0.91 \ kN-m \ (\curvearrowright) \end{cases}$

（2）整體水平力平衡： $\cancel{H_A}^{48.56} + H_D = 20 \times 6 \ \therefore H_D = 71.44 \ kN \ (\rightarrow)$

3. C 點反力：

整體垂直力平衡： $\cancel{R_A}^{41.705} + R_C = 50 + \cancel{R_D}^{0.6825} \ \therefore R_C = 8.9775 \ kN \ (\downarrow)$

（八）所有支承反力如下圖所示

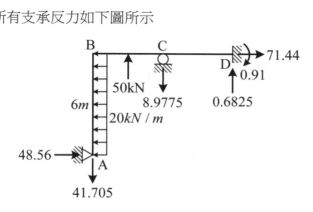

四、如下圖所示之三層樓平面結構，各樓層樓板承受不同的水平力，由下而上依序為 300、450 及 600 kN 分別施加於各樓層樓板之兩端。構架中配置斜撐桿件，斜撐與梁桿件於梁桿件中央處連接位置留有間距，並定義此部分為「連梁」桿件，連梁與梁桿件之斷面相同且為連續。構架中梁、柱與斜撐所形成之三角型區域勁度相對較大，可視為剛性區域，而各樓層連梁桿件之剛度皆為 *EI*。若於該受力情況下構架頂端之水平側向位移為 6 cm 時，不需經過精確分析，試推估各樓層連梁桿件端部旋轉變形角為何？（25 分）

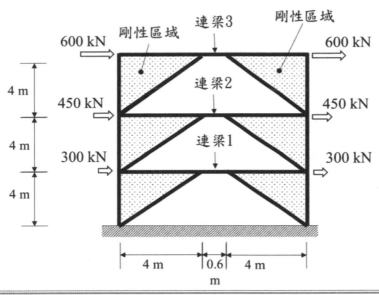

參考題解

（一）各樓層「層間剪力 V_i」

$$V_{1F} = 600 \times 2 + 450 \times 2 + 300 \times 2 = 2700 \ kN$$

$$V_{2F} = 600 \times 2 + 450 \times 2 = 2100 \ kN$$

$$V_{3F} = 600 \times 2 = 1200 \ kN$$

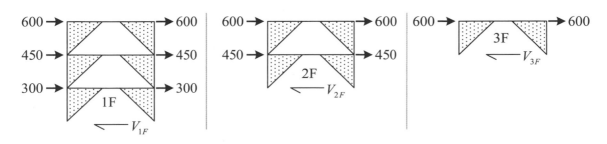

（二）各樓層「層間變位 Δ_i」 $\Rightarrow$ 與「層間剪力 V_i」成正比

$$\Delta_{1F} : \Delta_{2F} : \Delta_{3F} = V_{1F} : V_{2F} : V_{3F}$$
$$= 2700 : 2100 : 1200$$
$$= 9 : 7 : 4$$

$$\Delta_{1F} = \frac{9}{9+7+4}\Delta = \frac{9}{20}(6) = 2.7 \ cm$$

$$\Delta_{2F} = \frac{7}{9+7+4}\Delta = \frac{7}{20}(6) = 2.1 \ cm$$

$$\Delta_{3F} = \frac{4}{9+7+4}\Delta = \frac{4}{20}(6) = 1.2 \ cm$$

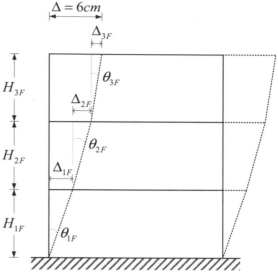

（三）剛性區域的旋轉角 $\theta_i = \dfrac{\Delta_i}{H_i}$，其中 H_i 為各樓層高

$$\theta_{1F} = \frac{\Delta_{1F}}{H_{1F}} = \frac{2.7}{400} = 6.75 \times 10^{-3}$$

$$\theta_{2F} = \frac{\Delta_{2F}}{H_{2F}} = \frac{2.1}{400} = 5.25 \times 10^{-3}$$

$$\theta_{3F} = \frac{\Delta_{3F}}{H_{3F}} = \frac{1.2}{400} = 3 \times 10^{-3}$$

（四）連桿端部旋轉角 γ_i

    1. 變位幾何關係：

$$\left.\begin{array}{l}\overline{OA'} = 4\theta_i + 4.6\theta_i \\ \overline{OA'} = 0.6\gamma_i\end{array}\right\} \Rightarrow 4\theta_i + 4.6\theta_i = 0.6\gamma_i$$

$$\therefore \gamma_i = \left(\frac{8.6}{0.6}\right)\theta_i$$

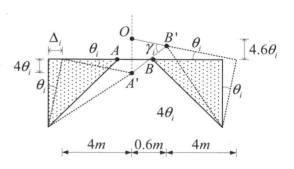

    2. 各樓層連桿旋轉角

$$\gamma_{1F} = \left(\frac{8.6}{0.6}\right)\theta_{1F} = \left(\frac{8.6}{0.6}\right)6.75 \times 10^{-3} = 0.09675$$

$$\gamma_{2F} = \left(\frac{8.6}{0.6}\right)\theta_{2F} = \left(\frac{8.6}{0.6}\right)5.25 \times 10^{-3} = 0.07525$$

$$\gamma_{3F} = \left(\frac{8.6}{0.6}\right)\theta_{3F} = \left(\frac{8.6}{0.6}\right)3 \times 10^{-3} = 0.043$$

112年 專門職業及技術人員高等考試試題／土壤力學與基礎設計

一、請試述下列名詞之意涵：（25 分）

（一）塑性指數（Plasticity Index）

（二）有效粒徑（Effective grain size）

（三）相對密度（Relative Density）

（四）曲率係數（Coefficient of curvature）

（五）壓縮指數（Compression index）

參考題解

（一）塑性指數（Plasticity Index）：為土壤液性限度與塑性限度之差距：PI = LL － PL，依塑性指數的定義，代表的是土壤液性限度與塑性限度之差距，亦即等同土壤可以表現出塑性行為下之含水量上下範圍，其 PI 愈大，代表土壤具可塑性的含水量範圍愈大，亦表示黏土含量愈高，其滲透性就愈低（黏土顆粒吸附水層厚，因其黏滯係數較高不易流動造成孔隙填塞，水就很難滲流），不排水剪力強度愈大。

（二）有效粒徑（Effective grain size）：即有效粒徑 D_{10}（Effective Size），粒徑分布曲線上累計通過百分比為 10% 所相對應之粒徑。

（三）相對密度（Relative Density）：通常以相對密度（或稱密度指數 Density Index）表示粒狀土壤緊密程度。

$$D_r(\%) = \frac{e_{max} - e}{e_{max} - e_{min}} = \frac{\gamma_{d,max}(\gamma_d - \gamma_{d,min})}{\gamma_d(\gamma_{d,max} - \gamma_{d,min})}$$

e_{max}：土壤最疏鬆狀態下之孔隙比，此孔隙比為最大值

e_{min}：土壤最緊密狀態下之孔隙比，此孔隙比為最小值

e：待評估土壤之孔隙比

$\gamma_{d,max}$：土壤最大乾土單位重，此時土壤之孔隙比為最小值

$\gamma_{d,min}$：土壤最小乾土單位重，此時土壤之孔隙比為最大值

γ_d：待評估土壤之乾土單位重

（四）曲率係數（Coefficient of curvature）：

$$C_d = \frac{D_{30}{}^2}{D_{10} \times D_{60}}$$，又稱級配係數 C_g (Coefficient of Gradation)

1. 曲率係數可用來判斷土壤是否為殘缺級配或優良級配：

   優良級配的礫石與砂：$C_d = 1 \sim 3$ 　　　 即 $1 \leq C_d \leq 3$

2. $C_d \neq 1 \sim 3$ 者，可能有級配跳躍情形，即缺乏某一範圍粒徑情形導致，稱跳躍級配或越級配（Skip Graded）、或殘缺級配（Gap Graded）。

（五）壓縮指數（Compression index）是壓縮曲線半對數圖之近似直線段斜率，壓縮指數 C_c 為無單位因次，不受公制英制單位轉換影響。壓縮指數 C_c 主要是用來計算黏土的壓密沉陷量。

$$C_c = \frac{\Delta e}{\Delta \log \sigma'} = \frac{e_1 - e_2}{\log \sigma'_2 - \log \sigma'_1} = \frac{e_1 - e_2}{\log(\sigma'_2 / \sigma'_1)}$$

二、如下圖所示邊坡之高 $H = 8$ m，土壤單位重 $\gamma = 20$ kN/m³，

（一）請問假設破壞面 AB 之土壤強度參數 c = 50（kPa）及 $\phi = 36°$ 條件下之抗滑安全係數為何？（15 分）

（二）若考慮雨水入滲而降低假設破壞面之土壤強度參數 c = 5（kPa），但 ϕ 仍然維持 36°，則其抗滑安全係數為何？（10 分）

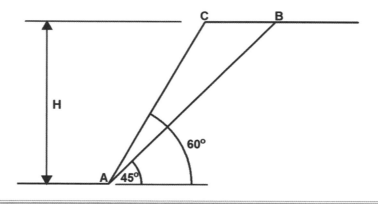

參考題解

$\alpha = 45°$ 　　 $\beta = 60°$

（一）滑動土體 ABC 面積 $= \dfrac{1}{2}(H\cot\alpha - H\cot\beta) \times H$

$$= \frac{1}{2}(8\cot 45° - 8\cot 60°) \times 8 = 13.525 \text{ m}^2$$

滑動土體 ABC 重量 W $= \gamma A = 20 \times 13.525 = 270.50$ kN/m

計算滑動面積 $\overline{AB} \times 1 = (8/\sin 45°) \times 1 = 11.314$ m²/m

$$FS = \frac{c \times (\overline{AB} \times 1) + (W\cos\alpha) \times \tan\varphi}{W\sin\alpha}$$

$$= \frac{50 \times 11.314 + (270.5 \times \cos45°) \times \tan36°}{270.5 \times \sin45°}$$

$$= \frac{565.7 + 138.97}{191.27} = 3.68 \ldots\ldots\ldots\ldots Ans.$$

（二）考慮雨水入滲土壤強度參數 c = 5（kPa）

假設雨水僅滲入滑動面，且滑動面上無蓄積水壓力：

滑動土體 ABC 重量 W = γA = 20 × 13.525 = 270.50 kN/m

計算滑動面積 $\overline{AB} \times 1 = (8/\sin45°) \times 1 = 11.314 \text{ m}^2/\text{m}$

$$FS = \frac{c \times (\overline{AB} \times 1) + (W\cos\alpha) \times \tan\varphi}{W\sin\alpha}$$

$$= \frac{5 \times 11.314 + (270.50 \times \cos45°) \times \tan36°}{270.50 \times \sin45°}$$

$$= \frac{56.57 + 138.97}{191.27} = 1.02 \ldots\ldots\ldots\ldots Ans.$$

三、臺灣中南部某工業建築物基礎採用打入式鋼筋混凝土預鑄樁，樁徑為 50 公分、樁長 25 公尺。基地的地下水位在深度 10 公尺處，地層資料如下表。請參照建築物基礎構造設計規範並考慮臨界深度分析（一）樁身極限摩擦力（15 分）與（二）樁底極限支承力。（10 分）

深度（m）	土壤種類	相對密度 Dr	SPT-N 值 N_{60}	土壤單位重 γ（kN/m³）
0-5	粉土質砂（SM）	40%	12	18
5-15	砂質粉土（ML）	50%	15	20
15-30	級配良好砂（SW）	62%	30	20

參考題解

（一）依據建築物基礎構造設計規範（112）建議：

打擊樁 $Q_u(t) = Q_P + Q_s = 30NA_p + \frac{N}{3}A_s$ ， $\frac{N}{3} \leq 15\,t/m^2$

其中樁端 $N = (N_1 + N_2)/2$ ，且 $N \leq 50$

N_1：樁底處，往上 4D 範圍內之平均 SPT-N 值

N_2：樁底處，往下 1D 範圍內之平均 SPT-N 值

$Z = 0\sim5m$ $N_{60} = 12$ $\frac{N}{3} = \frac{12}{3} = 4 \leq 15\,t/m^2$ ok

$Z = 5\sim15m$ $N_{60} = 15$ $\frac{N}{3} = \frac{15}{3} = 5 \leq 15\,t/m^2$ ok

$Z = 5\sim15m$ $N_{60} = 30$ $\frac{N}{3} = \frac{30}{3} = 10 \leq 15\,t/m^2$ ok

樁身極限摩擦力

$Q_s = 4 \times (\pi \times 0.5 \times 5) + 5 \times (\pi \times 0.5 \times 10) + 10 \times (\pi \times 0.5 \times 10)$

$= 267.04\,tf \ldots\ldots\ldots\ldots\ldots Ans.$

（二）樁底極限支承力 $Q_P = 30\,NA_p$

其中樁端 $N = (N_1 + N_2)/2$ ，且 $N \leq 50$

樁底處，往上 4D = 2 m 範圍內之平均 SPT-N 值 $N_1 = 30$

樁底處，往下 1D = 0.5 m 範圍內之平均 SPT-N 值 $N_2 = 30$

樁端 $N = \frac{N_1 + N_2}{2} = \frac{30 + 30}{2} = 30$ ，且 $N \leq 50$ ok

$Q_P = 30NA_p = 30 \times 30 \times \frac{\pi}{4}0.5^2 = 176.71\,tff \ldots\ldots\ldots\ldots\ldots Ans.$

【討論分享】

1. 新規範 112 年修正頒布並自 113 年起施行，先來個震撼教育，結構技師率先將考題納入，料想不到比較令人詬病的是不考正規題型，反而出了 N 值推估承載力題型。試問有多少學生會將公式背好背滿呢？

2. 同學應該提問有關題目要求考慮臨界深度，但為何解題皆無進行檢討？蓋因條件不足，雖有土壤單位重可以計算垂直有效應力分布，但少了有效內摩擦角、側向土壓力係數，則無法進一步計算受臨界深度影響之樁身摩擦力分布；至於樁端承載力，則因為未提供有效內摩擦角 (N_q^*)，無法進一步計算受臨界深度影響之樁端承載力。

3. 如果真要使用臨界深度進行分析，可考慮 N 值換算所得到的樁身摩擦力，再依據臨界深度 $L_{cr} = 20D$ 來分析計算，如下。

   $Z = 5\sim15m$ 取 $5\,t/m^2$ ok

   樁身極限摩擦力

   $$Q_s = 4 \times (\pi \times 0.5 \times 5) + 5 \times (\pi \times 0.5 \times 10) + 5 \times (\pi \times 0.5 \times 10)$$

   $$= 188.5 \text{ tf} \dots\dots\dots\dots\dots\dots\dots Ans.$$

4. 依前 3.之計算結果可看出利用 N 值＋臨界深度來推估樁身摩擦力較為保守。

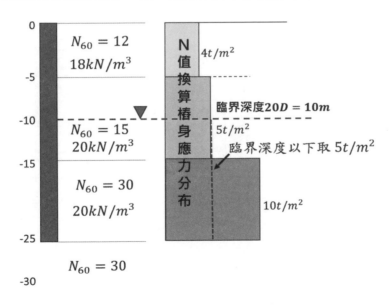

四、某建案基地為 1000 坪（地上 12 層、地下 3 層），開挖深度 11.95 公尺，採用連續壁深度 24 公尺。進行地下工程時即有鄰近住家反映牆壁龜裂漏水、磁磚掉落等情況，建物沉陷點及建物傾斜計監測數值超過警戒值，地下開挖至第 3 層時，大底未完成即發生支撐系統失敗，造成鄰近多戶民宅嚴重傾斜下陷。工址附近鑽探資料如下表所示。（一）請研判事故發生原因（15 分）及（二）未來此區域深開挖工程災害防治可能對策。（10 分）

取樣深度（m）	標準貫入試驗	粒徑分析（%）				含水量（%）	液性限度（%）	塑性限度（%）	統一土壤分類
		礫石	砂	粉土	黏土				
2	2+9+5	14	76	9	1	24	-	-	SW-SM
4	2+2+3	25	63	11	1	27	-	-	SM
6	1	0	0	49	51	39	35	11	CL
8	1	0	0	55	45	40	33	10	CL
10	1	0	0	56	44	41	32	12	CL
12	1	0	0	60	40	36	33	11	CL
14	1	0	0	40	60	42	35	12	CL
16	1	0	0	53	47	45	36	13	CL
18	1	0	0	51	49	41	39	14	CL
20	1	0	0	56	44	42	40	18	CL
22	1	0	1	57	42	35	39	20	CL
24	1	0	0	53	47	39	42	18	CL
26	1+1+2	0	1	54	45	41	40	16	CL
28	1+2	0	0	57	43	44	40	15	CL
30	1+2+2	0	1	54	45	32	40	17	CL

參考題解

屬時事題，考生可儘量發揮。

（一）研判事故發生原因：如下圖所示

1. 經查連續壁深度 24 m 範圍內，除了靠近地表外，其餘 SPT-N 值大多為 2，統一土壤分類結果為低塑性黏土 CL，為極軟弱黏土地層。

2. 因大底未完成，極可能造成連續壁在開挖面以下產生內擠、側向載重增加情況下，開挖底面及臨時支撐（中間樁）隆起，進而使得支撐挫屈全面潰敗，可能導致基地

鄰房下陷並往外倒塌。

3. 在臨時支撐潰敗後，因連續壁體已無支撐，兩側壓力失去平衡，連續壁將所受彎矩過大產生折斷，使得基地周遭道路及維生管線破壞或下陷。

4. 本案連續壁施作深度 24 m，開挖深度 H＝11.95 m，貫入深度 D＝24－11.95＝12.05 m＝1.008H，明顯低於 112 建築物基礎構造設計規範針對極軟弱地層建議值（如下）。

$$(H + D) = (2.2\text{~}2.4)\,H \quad 或 \quad D = (1.2\text{~}1.4)\,H$$

5. 另基地開挖一般會進行長時間抽地下水，造成基地開挖兩側滲流水壓力差過大，如遇連續壁施工品質不佳產生包泥或孔隙橫向貫穿時，則會造成連續壁體臨鄰房側地表產生大量沉陷、建築物傾斜等災害。

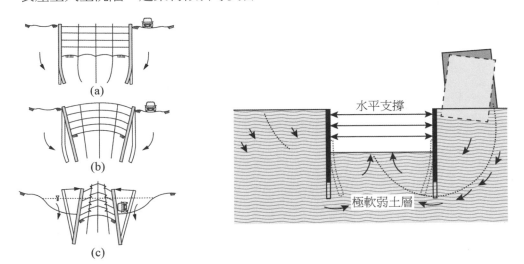

參考來源：土木人的家庭臉書、施志鴻臉書。

（二）此區域深開挖工程災害防治建議對策：

1. 因此區域開挖地層為非常軟弱粘土，需考慮軟弱黏土的變形性，設計時可將連續壁直接貫入承載層。

2. 如無承載層，則設計時應至少滿足規範要求之 D＝(1.2~1.4) H。

3. 除貫入深度檢討外，亦應審慎評估有效之地質改良工法，實務上梅花樁配置在軟弱粘土之效果不彰，建議設計使用格子樁配置或採用 112 建築物基礎構造設計規範列入之地中壁、扶壁等方式來抑制壁體的變形。

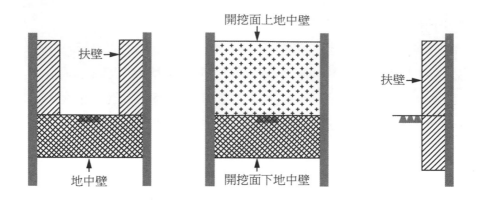

參考來源：建築物基礎構造設計規範／112 年版。

4. 可考慮採逆打工法，避免順打開挖階段地質災害發生。

5. 制定嚴謹自動監測系統與計畫並予以落實，包括警戒值、行動值之訂定；相關人員對於資料判讀之權責、引進第三方公正單位特別監督制度等。

112年 專門職業及技術人員高等考試試題／材料力學

一、鋼筋混凝土梁斷面尺寸如下圖所示，特定斷面外側壁面自底部算起 55、75、85 公分處依序設置應變計 a、b、c，其中 a 與 c 黏貼方向為水平（0°）而 b 為 45°。應變計歸零後進行載重試驗，讀數 $\varepsilon_a = 500(\mu)$、$\varepsilon_b = 0$、$\varepsilon_c = -100(\mu)$。由於梁底有些微裂縫，理想化計算之斷面性質不可靠。僅考慮此載重作用下之撓曲行為，回答下列問題：

（一）由量測之應變讀數計算該斷面中性軸位置及彎矩造成的曲率為何？（10 分）

（二）梁腹尺寸深度明顯大於寬度，符合平面應變假設，分析 b 位置之剪應變 γ_{xy} 大小？（5 分）

（三）假設材料性質 E（= 24 GPa）、ν（= 0.2），計算 b 位置上之主軸應力與最大剪應力大小？（10 分）

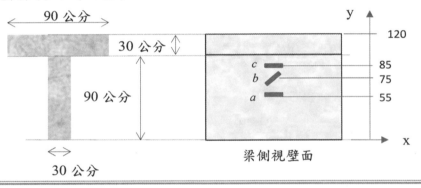

參考題解

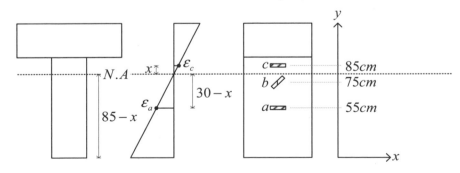

（一）由應變圖的線性比例關係，推估出 N.A 的位置

1. $\left.\begin{array}{l}\varepsilon_a = 500\mu \\ \varepsilon_c = -100\mu\end{array}\right\}$ ⇒ ε_a 與 ε_c 的應變大小比例為 5:1

2. $\dfrac{30-x}{x} = \dfrac{|\varepsilon_a|}{|\varepsilon_c|} = \dfrac{5}{1} \Rightarrow x = 5 \, cm$

3. N.A 位置：$55 + \left(30 - \cancel{x}^{\,5}\right) = 80 \, cm$

（二）b 處 γ_{xy} 的大小

1. b 點的應變狀態

（1）b 點位於 N.A 下方 5 cm 處，依應變圖的比例關係可得 b 點的 $\varepsilon_x = 100\mu$

（2）廣義虎克定律：

$$\varepsilon_y = -\nu\dfrac{\sigma_x}{E} + \dfrac{\cancel{\sigma_y}^{\,0}}{E} + \dfrac{\cancel{\sigma_z}^{\,0}}{E} = -\nu\dfrac{\sigma_x}{E} = -\nu\varepsilon_x = -(0.2)(100\mu) = -20\mu$$

（3）題目給的 b 點應變計讀數為：$\varepsilon_b = 0 = \varepsilon_{45°}$

（4）平面應變轉換公式

$$\varepsilon_{45°} = \dfrac{\varepsilon_x + \varepsilon_y}{2} + \dfrac{\varepsilon_x - \varepsilon_y}{2}\cos 90° + \dfrac{\gamma_{xy}}{2}\sin 90°$$

$$\Rightarrow 0 = \dfrac{100\mu + (-20\mu)}{2} + \dfrac{\gamma_{xy}}{2} \quad \therefore \gamma_{xy} = -80\mu$$

（三）b 點的主應力與最大剪應力

1. $\tau_{xy} = G\gamma_{xy} = \dfrac{E}{2(1+\nu)}\gamma_{xy} = \dfrac{24\times 10^3}{2(1+0.2)}(-80\mu) = -0.8\,MPa$

2. $\varepsilon_x = \dfrac{\sigma_x}{E} \Rightarrow 100\mu = \dfrac{\sigma_x}{24\times 10^3} \quad \therefore \sigma_x = 2.4\,MPa$

桿件內力造成的應力態 $\Rightarrow \sigma_y = 0$

應力莫耳圓

$$\tau_{max} = R = \sqrt{1.2^2 + 0.8^2} = 1.442 \, MPa$$

$$\sigma_{P1} = 1.2 + R = 2.642 \, MPa$$

$$\sigma_{P2} = 1.2 - R = -0.242 \, MPa$$

二、已知懸臂梁自由端受集中載重 P 作用，假設懸臂梁由兩匚型斷面支材焊接組成，斷面
尺寸如下圖(b)示意。集中力作用於斷面上方之中心位置，h = 20 cm、b = 10 cm、t = 2 cm，
梁長 L = 100 cm、P = 100 N，僅考慮集中載重作用力之影響，假設焊接材料均勻分布
於接合介面。回答下列問題：

（一）以圖(c)方式全跨焊接時，計算焊接材料受到之應力狀態為何？（10 分）

（二）以圖(d)方式局部焊接時，若焊接分布長度於自由端起 2.5 cm，分析斷面下方焊
接材料之應力狀態？（15 分）

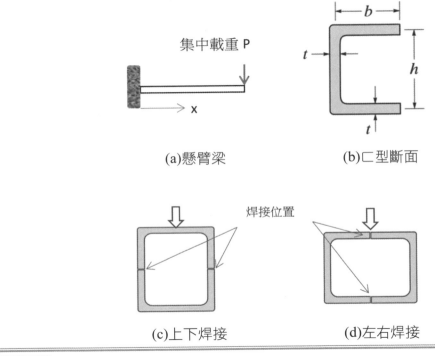

(a)懸臂梁　　　　　　　　　　(b)匚型斷面

(c)上下焊接　　　　　　　　　(d)左右焊接

參考題解

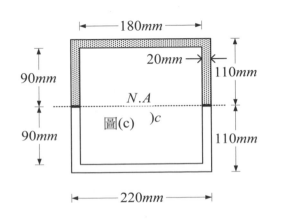

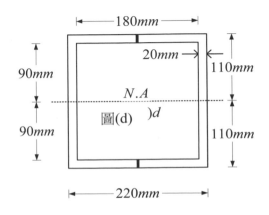

（一）圖(c)接合，焊接材料受到的應力為撓曲剪應力（該處無撓曲正應力）

$$I = \frac{1}{12} \times 220 \times 220^3 - \frac{1}{12} \times 180 \times 180^3 = 107733333 \; mm^4$$

$$Q = (220 \times 20) \times 100 + (90 \times 20) \times 45 \times 2 = 602000 \; mm^3$$

$$\tau = \frac{VQ}{Ib} = \frac{100 \times 602000}{(107733333)(20 \times 2)} = 0.014 \; MPa$$

（二）圖(d)接合

1. 下方焊接材料受到的應力為撓曲正應力 σ_M（該處無撓曲剪應力）

2. 關於 σ_M

（1）沿斷面深度成線性變化，離 N.A 最遠處有最大值

（2）隨著彎矩 M 增加而增加，離自由端 2.5 cm 處有最大值

該最大值為： $\sigma_M = \frac{My}{I} = \frac{(100 \times 25)(110)}{107733333} = 2.55 \times 10^{-3} \; MPa$

三、箱型斷面簡支梁之中跨有集中載重 P 作用，此作用力不通過形心，作用位置及斷面尺寸如下圖示意。已知箱型梁兩端之支承配置方式具抗扭轉設計，回答下列問題：

（一）分析並繪製此簡支梁全跨之內力圖？（15 分）

（二）材料性質 G，假設 b＝h、t＝0.1 h，計算四分之一跨位置上，斷面中性軸高度的應力狀態？（10 分）

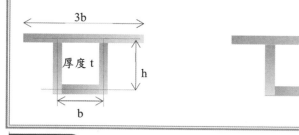
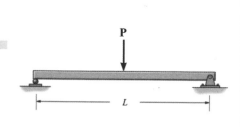

參考題解

（一）簡支梁全跨內力圖（剪力圖、彎矩圖、扭矩圖）

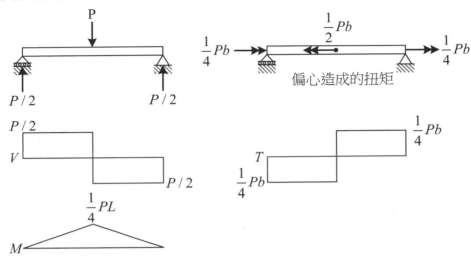

（二）中性軸高度的應力狀態

1. 扭矩造成的扭轉剪應力

$$\tau_T = \frac{T}{2A_m t} = \frac{\frac{1}{4}P\cancel{b}^h}{2\left(\cancel{b}^h h\right)(0.1h)} = 1.25\frac{P}{h^2}$$

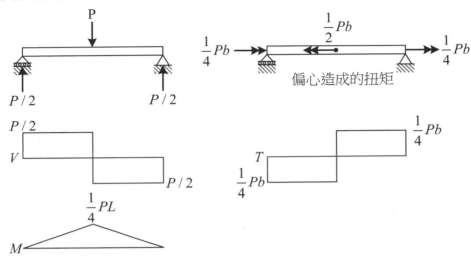

2. 剪力造成的撓曲剪應力

（1）中性軸位置與慣性矩 I

$$\bar{y} = \frac{\left[(1.1h)^2 - (0.9h)^2\right] \times \left(\frac{1.1h}{2}\right) + [1.9h \times 0.1h] \times (1.05h)}{\left[(1.1h)^2 - (0.9h)^2\right] + [1.9h \times 0.1h]} = \frac{0.22h^3 + 0.1995h^3}{0.4h^2 + 0.19h^2}$$

$$\approx 0.711h$$

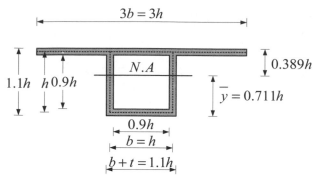

$$I = \left[\frac{1}{3}(1.1h)(0.711h)^3 - \frac{1}{3}(0.9h)(0.611h)^3\right] + \left[\frac{1}{3}(1.1h)(0.389h)^3 - \frac{1}{3}(0.9h)(0.289h)^3\right]$$
$$+ \left[\frac{1}{3}(1.9h)(0.389h)^3 - \frac{1}{3}(1.9h)(0.289h)^3\right] \approx 0.1h^4$$

（2）$\tau_V = \dfrac{VQ}{Ib} = \dfrac{\left(\dfrac{P}{2}\right)(0.11h^3)}{(0.1h^4)(2 \times 0.1h)} = 2.75\dfrac{P}{h^2}$

PS：$Q = \left[(0.1h \times 0.711h)\left(\dfrac{0.711h}{2}\right)\right] \times 2 + (0.9h \times 0.1h) \times 0.661h \approx 0.11h^3$

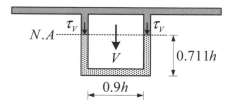

3. 中性軸的應力狀態

左側腹板應力狀態：$\tau_L = \tau_V - \tau_T = 2.75\dfrac{P}{h^2} - 1.25\dfrac{P}{h^2} = 1.5\dfrac{P}{h^2}$

右側腹板應力狀態：$\tau_R = \tau_V + \tau_T = 2.75\dfrac{P}{h^2} + 1.25\dfrac{P}{h^2} = 4\dfrac{P}{h^2}$

四、已知懸臂桿的自由端受軸向集中載重 P 作用，懸臂桿由兩材質不同但相同斷面的支材組合而成，斷面尺寸如下圖(b)示意。集中力透過自由端剛性板作用，忽略局部應力集中的效應，兩材質之彈性模數分別為上（E）與下（3E），回答下列問題：

（一）假設 P 以偏心量 e 作用時，懸臂桿均勻伸長，計算偏心 e＝？（10 分）

（二）若沒有偏心（e＝0），計算斷面最大正應力及分析自由端（x＝L）處之位移量？（15 分）

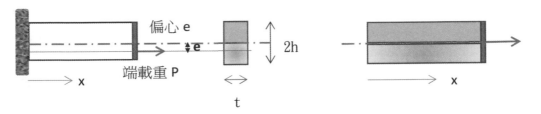

(a)均勻伸長懸臂桿　　　(b)複合斷面尺寸　　　(c) P 為無偏心加載的情形

參考題解

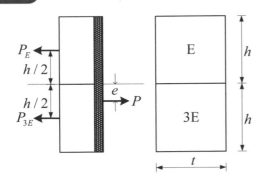

（一）偏心 e

1. 複合斷面 ⇒ 並聯行為

$$P_E : P_{3E} = 1:3 \Rightarrow P_E = \frac{1}{4}P \ 、 P_{3E} = \frac{3}{4}P$$

2. 對斷面中心取力矩平衡

$$P_E \times \frac{h}{2} + P \cdot e = P_{3E} \times \frac{h}{2} \Rightarrow \frac{1}{4}P \times \frac{h}{2} + P \cdot e = \frac{3}{4}P \times \frac{h}{2} \quad \therefore e = \frac{1}{4}h$$

（二）斷面最大正向應力 ⇒ 受軸拉力與彎矩聯合作用，最大應力為拉應力

1. 彎矩造成的拉應力 ⇒ 轉換斷面法

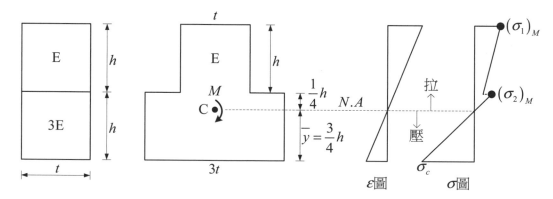

$$I_t = \frac{1}{3} \times 3t \times \left(\frac{3}{4}h\right)^3 + \frac{1}{3} \times 2t \times \left(\frac{1}{4}h\right)^3 + \frac{1}{3} \times t \times \left(\frac{5}{4}h\right)^3 = \frac{13}{12}th^3$$

點 1 的拉應力：$(\sigma_1)_M = \dfrac{My}{I} = \dfrac{\frac{1}{4}Ph \times \frac{5}{4}h}{\frac{13}{12}th^3} = \dfrac{15}{52}\dfrac{P}{th}$

點 2 的拉應力：$(\sigma_2)_M = n \cdot \dfrac{My}{I} = 3 \cdot \dfrac{\frac{1}{4}Ph \times \frac{1}{4}h}{\frac{13}{12}th^3} = \dfrac{9}{52}\dfrac{P}{th}$

2. 軸力造成的拉應力

點 1 的拉應力：$(\sigma_1)_P = \dfrac{P_E}{th} = \dfrac{1}{4}\dfrac{P}{th}$

點 2 的拉應力：$(\sigma_2)_P = \dfrac{P_{3E}}{th} = \dfrac{3}{4}\dfrac{P}{th}$

3. 合併應力後的最大拉應力

點 1：$\left(\sigma_1\right)_M + \left(\sigma_1\right)_P = \dfrac{15}{52}\dfrac{P}{th} + \dfrac{1}{4}\dfrac{P}{th} = \dfrac{7}{13}\dfrac{P}{th}$

點 2：$\left(\sigma_2\right)_M + \left(\sigma_2\right)_P = \dfrac{9}{52}\dfrac{P}{th} + \dfrac{3}{4}\dfrac{P}{th} = \dfrac{12}{13}\dfrac{P}{th}$ ☞*control*

$\sigma_{\max} = \dfrac{12}{13}\dfrac{P}{th}$，發生在材料交界處，面向 3E 材料面的位置

（三）自由端位移

$$\Delta = \dfrac{1}{2}\dfrac{ML^2}{EI_t} = \dfrac{1}{2}\dfrac{\left(\dfrac{1}{4}Ph\right)L^2}{E\left(\dfrac{13}{12}th^3\right)} = \dfrac{3}{26}\dfrac{PL^2}{Eth^2}$$

單元 **5**

單元 地方特考三等

112年 特種考試地方政府公務人員考試試題／靜力學與材料力學

一、有一平面應力元素受應力如下圖所示，如此元素之最大主軸應力 σ_1 為 10 MPa，請計算 σ_x、最小主軸應力 σ_2、最大剪應力 τ_{max}、最大主軸應力之方向及最小主軸應力之方向。（25 分）

提示：$\sigma_{x1} = \dfrac{\sigma_x + \sigma_y}{2} + \dfrac{\sigma_x - \sigma_y}{2}\cos 2\theta + \tau_{xy}\sin 2\theta$

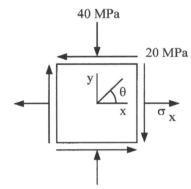

參考題解

已知：$\sigma_y = -40MPa$　　　$\tau_{xy} = -20MPa$　　　$\sigma_1 = 10MPa$

（一）應力莫耳圓（如圖）

1. 圓心座標：$\dfrac{\sigma_x - 40}{2}$

2. 莫耳圓半徑：$R = \sqrt{\left(\dfrac{\sigma_x + 40}{2}\right)^2 + 20^2}$

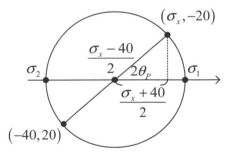

3. 主應力公式

$$\sigma_1^{10} = \frac{\sigma_x - 40}{2} + \sqrt{\left(\frac{\sigma_x + 40}{2}\right)^2 + 20^2} \Rightarrow -\frac{\sigma_x}{2} + 30 = \sqrt{\left(\frac{\sigma_x + 40}{2}\right)^2 + 20^2}$$

$$\Rightarrow \left(-\frac{\sigma_x}{2} + 30\right)^2 = \left(\frac{\sigma_x + 40}{2}\right)^2 + 20^2 \Rightarrow \frac{\sigma_x^2}{4} - 30\sigma_x + 900 = \frac{\sigma_x^2}{4} + 20\sigma_x + 800$$

$$\therefore \sigma_x = 2\ MPa$$

（二）最小主應力

$$\sigma_2 = \frac{\sigma_x^2 - 40}{2} - \sqrt{\left(\frac{\sigma_x^2 + 40}{2}\right)^2 + 20^2} = -48 \ MPa$$

（三）最大剪應力

$$\tau_{max} = R = \sqrt{\left(\frac{\sigma_x^2 + 40}{2}\right)^2 + 20^2} = 29 \ MPa$$

（四）主應力所在的角度

$$\tan 2\theta_P = \frac{20}{\dfrac{\sigma_x^2 + 40}{2}} = \frac{20}{21} \quad \therefore \theta_P = 21.8°$$

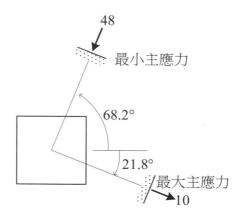

二、有一桁架如下圖，B 點為鉸支撐，D 點為與水平呈 45°之滾支撐。E 點受一集中水平力 P。試求 B 點及 D 點之反力及方向、各桿件軸力（請重畫該桁架，將軸力寫在各桿件旁，張力為正，壓力為負）。（25 分）

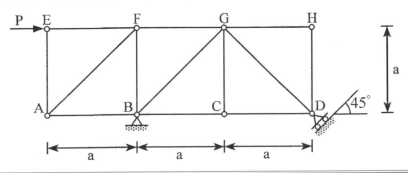

参考題解

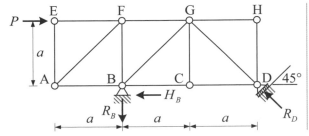
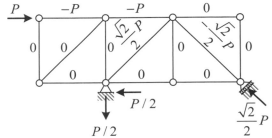

（一）計算支承反力

1. $\sum M_B = 0$, $P \times a = \dfrac{1}{\sqrt{2}} R_D \times 2a \Rightarrow R_D = \dfrac{\sqrt{2}}{2} P (\nwarrow)$

2. $\sum F_y = 0$, $R_B = \dfrac{1}{\sqrt{2}} \not{R_D}^{\frac{\sqrt{2}}{2}P} \Rightarrow R_B = \dfrac{P}{2} (\downarrow)$

3. $\sum F_x = 0$, $P = H_B + \dfrac{1}{\sqrt{2}} \not{R_D}^{\frac{\sqrt{2}}{2}P} \therefore H_B = \dfrac{P}{2} (\leftarrow)$

（二）以節點法分析，得各桿件內力（如上圖右所示）

三、下圖之構造系統中 A 與 B 點為鉸支撐（hinge），其它接點均為栓接（pin）。圖中分佈載重 w(x) 之單位為 kN/m，且 w(x) = 400x (0 ≤ x ≤ 3)。試計算 A 點與 B 點支承處之水平與垂直反力（請標示力的大小與方向），以及 EF 桿與 CD 桿之內力（請註明為壓力或張力）。（25 分）

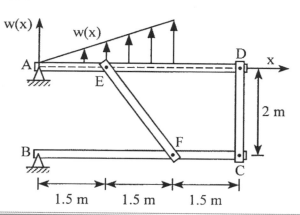

參考題解

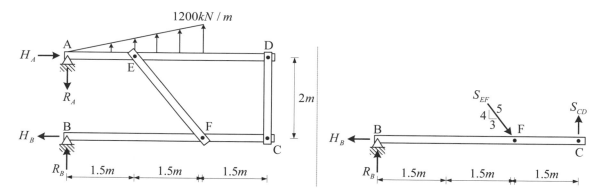

（一）整體平衡（上圖左）

1. $\sum M_A = 0$, $H_B \times 2 = \left(\dfrac{1}{2} \times 3 \times 1200\right) \times 2$ ∴ $H_B = 1800 \ kN \ (\leftarrow)$

2. $\sum F_x = 0$, $H_A = \cancel{H_B}^{1800} \Rightarrow H_A = 1800 \ kN \ (\rightarrow)$

（二）取出 BFC 自由體（上圖右），其中 EF、CD 桿為二力桿

1. $\sum F_x = 0$, $S_{EF} \times \dfrac{3}{5} = \cancel{H_B}^{1800} \Rightarrow S_{EF} = 3000 \ kN$（壓力）

2. $\sum M_B = 0$, $\left(\cancel{S_{EF}}^{3000} \times \dfrac{4}{5}\right) \times 3 = S_{CD} \times 4.5$ ∴ $S_{CD} = 1600 \ kN$（拉力）

3. $\sum F_y = 0$, $R_B + \cancel{S_{CD}}^{1600} = \cancel{S_{EF}}^{3000} \times \dfrac{4}{5}$ $\therefore R_B = 800 \ kN \ (\uparrow)$

（三）整體平衡

$\sum F_y = 0$, $R_A = \cancel{R_B}^{800} + \left(\dfrac{1}{2} \times 3 \times 1200 \right)$ $\therefore R_A = 2600 \ kN \ (\downarrow)$

四、下圖有一 ABC 梁 A 點為鉸支撐，B 點為滾支撐。梁於 BC 段受均佈載重 q，試求 A 點及 B 點之反力（請註明作用之方向）、A 點之轉角（請註明轉角之方向）、C 點之轉角及位移（請註明轉角及位移之方向）。（25 分）

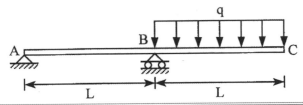

參考題解

（一）支承反力

1. $\sum M_A = 0$, $R_B \times L = qL \times \dfrac{3}{2}L$ $\therefore R_B = \dfrac{3}{2}qL$

2. $\sum F_y = 0$, $R_A + qL = \cancel{R_B}^{\frac{3}{2}qL}$ $\therefore R_A = \dfrac{1}{2}qL$

（二）A 點轉角 θ_A、C 點轉角 θ_C、C 點位移 Δ_C

⇒ 基本變位公式

1. 圖 I：$\theta_{A,①} = 0$

$\theta_{C,①} = \dfrac{1}{6} \dfrac{qL^3}{EI} \ (\curvearrowright)$

$\Delta_{C,①} = \dfrac{1}{8} \dfrac{qL^4}{EI} \ (\downarrow)$

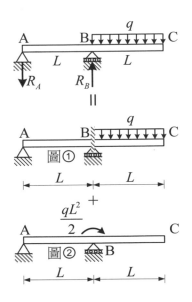

2. 圖 II： $\theta_{A,②} = \frac{1}{6}\frac{\left(\frac{1}{2}qL^2\right)L}{EI} = \frac{1}{12}\frac{qL^3}{EI}(\curvearrowright)$

$\theta_{C,②} = \frac{1}{3}\frac{\left(\frac{1}{2}qL^2\right)L}{EI} = \frac{1}{6}\frac{qL^3}{EI}(\curvearrowright)$

$\Delta_{C,②} = \theta_{C,②} \times L = \frac{1}{6}\frac{qL^3}{EI} \times L = \frac{1}{6}\frac{qL^4}{EI} \;(\downarrow)$

3. $\theta_A = \theta_{A,①} + \theta_{A,②} = 0 + \frac{1}{12}\frac{qL^3}{EI} = \frac{1}{12}\frac{qL^3}{EI} \;(\curvearrowright)$

$\theta_C = \theta_{C,①} + \theta_{C,②} = \frac{1}{6}\frac{qL^3}{EI} + \frac{1}{6}\frac{qL^3}{EI} = \frac{1}{3}\frac{qL^3}{EI} \;(\curvearrowright)$

$\Delta_C = \Delta_{C,①} + \Delta_{C,②} = \frac{1}{8}\frac{qL^4}{EI} + \frac{1}{6}\frac{qL^4}{EI} = \frac{7}{24}\frac{qL^4}{EI} \;(\downarrow)$

112年 特種考試地方政府公務人員考試試題／
營建管理與土木施工學（包括工程材料）

一、混凝土工程的材料、產製、輸送、施工及養護對品質都有相當的影響，試述在炎熱天氣時混凝土施工可能產生那些問題及須有何防護措施？（25分）

參考題解

（一）可能產生之問題

　　1. 新拌混凝土方面：

　　　　（1）坍損增大。

　　　　（2）凝結時間縮短。

　　　　（3）混凝土溫度較高。

　　　　（4）空氣含量減少（摻用輸氣劑影響最顯著）。

　　2. 硬固混凝土方面：

　　　　（1）晚期強度降低。

　　　　（2）體積變化大。

　　　　（3）硬化前後裂縫較易產生（以塑性收縮裂縫最常見）。

（二）防護措施

　　1. 降低骨材與水泥溫度。

　　2. 使用低溫水（冷水，冰水）拌合。

　　3. 遮蔭噴水及加防熱漆。

　　4. 使用較短施工時間。

　　5. 使用適當之緩凝摻料。

　　6. 混凝土運送、澆置設備、鋼筋與模板應噴水。

　　7. 在不損害混凝土時，提早開始養護工作。

二、請詳述公共工程的全生命週期各階段重要工作項目有那些？（25 分）

參考題解

公共工程的全生命週期各階段重要工作項目，分述如下：

（一）可行性評估階段

1. 專案管理估廠商甄選　　　　3. 可行性評估報告
2. 可行性評估廠商甄選

（二）規劃階段

1. 委託規劃設計技術服務採購招標及決標策略
2. 規劃技術服務廠商甄選
3. 擬訂計畫成本
4. 規劃報告

（三）設計階段

1. 設計技術服務廠商甄選　　　6. 分標計畫與進度
2. 審查設計　　　　　　　　　7. 發包預算
3. 設計進度之管理　　　　　　8. 招標文件
4. 規範與設計圖說　　　　　　9. 工程界面管理
5. 發包策略

（四）招標發包階段

1. 工程採購招標及決標策略　　3. 工程採購契約簽訂
2. 工程採購招標作業

（五）施工監督及履約管理階段

1. 監造技術服務廠商甄選　　　10. 估驗計價
2. 三級品管制度執行　　　　　11. 契約工期展延
3. 安衛生及環境計畫　　　　　12. 工程竣工
4. 預算執行管控　　　　　　　13. 使用執照申請
5. 工程保險　　　　　　　　　14. 竣工圖繪製
6. 施工管理　　　　　　　　　15. 結算
7. 安衛與環保執行　　　　　　16. 工程驗收
8. 工地協調會與會勘　　　　　17. 保固切結與保固金
9. 工程契約變更

（六）工程接管階段

1. 工程及設備移交接管
2. 編擬營運管理維護手冊
3. 設備運轉及維護人員訓練
4. 工程相關資料移轉
5. 專案紀錄建檔

三、請說明政府採購法第 35 條規定允許廠商使用替代方案之意義，並說明機關單位及廠商採用時可能之問題？（25 分）

參考題解

（一）允許廠商使用替代方案之意義

政府採購法第 35 條規定機關得於招標文件中規定，允許廠商在不降低原有功能條件下，得就技術、工法、材料或設備，提出可縮減工期、減省經費或提高效率之替代方案。其實施辦法，由主管機關定之。

允許廠商使用替代方案之意義，分述於下：

1. 主辦人員：

   主辦採購業務之人員因有法源依據（採購法第 35 條與替代方案實施辦法），減少涉訟與行政處分之風險，同時排斥替代方案心態可降低。

2. 實施效益：

   提升公共工程技術之彈性，促進工程效率，縮減工期與節省經費。

3. 適用標的：

   （1）技術、（2）工法、（3）材料或設備。

4. 採用條件：

   需在不降低原有功能條件下，至少可達成下列一項：

   （1）可縮減工期、（2）可減省經費、（3）提高效率。

5. 權利義務：

   廠商承擔替代方案設計之義務與責任，其成效允許透過獎勵為激勵手段。

（二）採用時可能之問題

1. 機關單位方面：

   （1）替代方案之審查與決標方式缺乏詳細規定，無法確保公平競標。

   （2）招標之公平性易受質疑，衍生圖利他人之涉訟事件。

   （3）替代方案牽涉技術、工法、材料或設備變更，現行法規對變更設計規定及程序繁雜。

（4）變更設計需增加新增單價議價、增減帳等複雜的行政程序。

（5）現行法規與體制之防弊氛圍，不利於替代方案之執行。

（6）替代方案不符合機關需求或廠商履約能力不足，易產生行政責任。

2. 廠商方面：

（1）廠商承擔替代方案設計之義務與責任，風險高。

（2）因需準備主方案與替代方案之投標資料與評估，現行備標時間常不足。

（3）投資常無法回收或利於競標。

（4）履約時常產生額外風險。

四、請詳述新拌混凝土要求性質為何？並說明影響新拌混凝土的品質因素？（25 分）

參考題解

（一）新拌混凝土要求性質

1. 工作性：

工作性係新拌混凝土之施工難易及抵抗材料分離程度，量測指標以坍度與坍流度較常用，為確保施工時有適宜工作性，施工規範以許可差方式限制。坍度許可差當設計坍度小於 50 mm 時為 ±15 mm，設計坍度 51～100 mm 時為 ±25 mm，設計坍度大於 100 mm 時為 ±40 mm。坍流度許可差則當設計坍流度 550 mm 以下時為 ±40 mm，設計坍流度大於 550 mm 時則為 ±50 mm。

2. 凝結時間：

混凝土凝結時間對工程進度與施工方法影響頗大，因此需要求凝結時間，是否滿足施工需求。初凝時間是從混凝土加水到剛失去塑性的時間（可工作極限），以貫入試驗之貫入強度 500 psi 對應時間決定；終凝時間是從混凝土加水到完全失去塑性的時間（強度可開始計量狀態），以貫入試驗之貫入強度 4000 psi 對應時間決定。施工時因時效性考量，施工規範多以混凝土運輸時間來管制。混凝土自加水攪拌，經過 90 分鐘仍未澆置者，不得使用（輸送途中未加攪動者為 30 分鐘）。使用具有緩凝性能化學摻料（B 型、D 型與 G 型）之混凝土，時間未超過 120 分鐘，經工程司認定仍能達到規定坍度或坍流度，得同意使用。

3. 水化熱：

澆置時混凝土較高溫度雖可促進水泥之水化作用，但坍損亦會增加。過高溫度（> 70°C）會產生延遲型鈣礬石（屬於結構鬆散之水化產物），過大溫差易使混凝產生裂縫。混凝土溫度來源以外在氣候與水化反應所產生水化熱為主。施工時因時效性

考量，施工規範多以新拌混凝土溫度來管制，澆置時非巨積混凝土＜32℃，巨積混凝土＜30℃，澆置後混凝土中溫度＜70℃。

4. 含氣量：

適當含氣量有助於混凝土耐久性（尤其是凍融抵抗），混凝土中含氣量之來源有自然陷入與人為輸氣兩種。針對不同程度暴露環境（輕微、中度與嚴重），設計圖說中對輸氣混凝土有輸氣量要求，施工時需檢測新拌混凝土含氣量，是否符合工程設計之需求。

（二）影響新拌混凝土的品質因素

1. 工作性：

（1）配比：

①單位用水量：單位用水量增加（即在水灰比或水膠比不變之情形，增加漿量），工作性增加，但會有較大乾縮、潛變及泌水量。

②細骨材率（砂率）：細骨材率增加，工作性增加，但抗磨損性較差。

③水灰比（或水膠比）：提高水灰比（或水膠比），工作性增加，但強度、體積穩定性與耐久性降低。

（2）骨材特性：使用卵石或表面較光滑之骨材，混凝土工作性較佳；骨材級配優者，工作性亦較佳。骨材粒形欠佳者（扁平、細長骨材），混凝土工作性較差。

（3）含氣量：混凝土含氣量高，工作性較佳。

（4）水泥種類：使用早強水泥與細度高之水泥，混凝土工作性較差。使用改良水泥、低熱水泥、抗硫水泥、輸氣水泥與混合水泥，混凝土工作性較佳。

（5）摻料：混凝土摻用早強劑，工作性較差。摻用緩凝劑、減水劑、輸氣劑與礦物摻料，工作性較佳。

（6）溫度：混凝土溫度增加，易造成坍度損失，工作性較差。

（7）時間：

①拌合時間：混凝土拌合時間過長與不足，均會對混凝土之工作性有不利之影響。

②輸送時間或澆置時間：混凝土輸送時間或澆置時間過長，混凝土之坍損增加，工作性較差。

（8）搗實：適度振動與搗實，可提升混凝土工作性。

2. 凝結時間：

（1）水泥種類：使用早強水泥或細度高之水泥，混凝土凝結時間較短。使用改良水泥、低熱水泥、抗硫水泥與混合水泥，混凝土凝結時間較長。

（2）溫度：混凝土溫度高，凝結時間較短。

（3）摻料：混凝土摻用緩凝劑或卜作嵐材料，凝結時間增長。摻用早強劑，凝結時間縮短。

（4）配比：混凝土採低水灰比（或水膠比）與高水泥用量，使凝結時間縮短。

（5）拌合水：拌合水中含有機物、磷酸鹽等，使混凝土之凝結時間增長。含氯離子、氫氧化物等，混凝土凝結時間縮短。

3. 水化熱：

（1）水泥種類：使用早強水泥或細度高之水泥，混凝土水化熱較高。使用改良水泥、低熱水泥、抗硫水泥與混合水泥，混凝土水化熱較低。

（2）溫度：環境溫度高，混凝土之水化熱較高。

（3）摻料：混凝土摻用緩凝劑或卜作嵐材料，水化熱較低。摻用早強劑，水化熱較高。

（4）配比：混凝土採低水灰比（或水膠比）與高水泥用量，水化熱較高。

（5）拌合水：拌合水中含有機物、磷酸鹽等，混凝土水化熱較低。含氯離子、氫氧化物等，混凝土水化熱較高。

（6）施工：混凝土之澆置速率快或尺寸大者，水化熱較高。

4. 含氣量：

（1）水泥種類：混凝土使用早強水泥或細度較高之水泥，含氣量較小。使用輸氣水泥，含氣量增加。

（2）配比：

①單位用水量：混凝土單位用水量愈大，含氣量愈小。

②坍度：坍度愈大，混凝土含氣量愈小。

③標稱最大粒徑：粗骨材採用較大之標稱最大粒徑，混凝土含氣量較小。

（3）摻料：混凝土摻用輸氣劑，含氣量與劑量成線性正比增加。

（4）施工：混凝土拌合後靜置期間愈長或搗實確實，含氣量減少。

（5）溫度：溫度愈高，混凝土含氣量愈少。

112年 特種考試地方政府公務人員考試試題／結構學

一、請判斷以下各結構是否為穩定？若為穩定，進一步判斷是靜定或靜不定？若為靜不定，進一步判斷其靜不定度。圖中粗黑線表示抗彎桿件，而細黑線兩端有空心圓者表示為桁架二力桿件。（25 分）

(1)
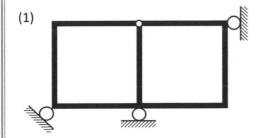

(2)
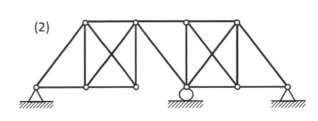

(3)
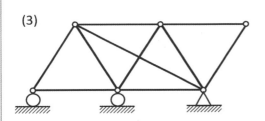

(4)
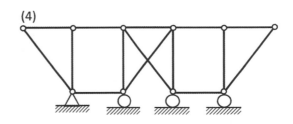

(5)
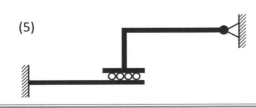

參考題解

（1）若結構的水平尺寸與垂直尺寸一樣。則會形成「支承反力交於一點」的「外部幾何不穩定」結構

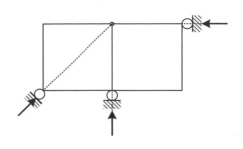

（2） $b=18$　$r=5$　$S=0$　$j=10 \Rightarrow R=b+r+S-2j=3$，為三度靜不定結構

（3） $b=10$　$r=4$　$S=0$　$j=6 \Rightarrow R=b+r+S-2j=2$，為二度靜不定結構

（4） $b=15$　$r=5$　$S=0$　$j=10 \Rightarrow R=b+r+S-2j=0$，為靜定結構

（5） $b=3$　$r=5$　$S=1$　$j=4 \Rightarrow R=b+r+S-2j=1$，為一度靜不定結構

PS：內部定向接續，該處的有效剛接數 $s=0$

二、二跨連續梁結構如圖，左右側跨距均為 l，其斷面撓曲剛性（flexural rigidity）分別為 EI 與 $2EI$。其左支承為鉸接，右支承為滾接，而中央支承為線彈性支承，其勁度為 k，且 $k=\dfrac{4EI}{l^3}$。今假設施工時 BD 彈簧的長度比設計值少了 Δ，而強迫拉伸後固定於梁上的 B 點以及基礎的 D 點之間。梁元件僅考慮撓曲變形，請應用最小功法（method of least work）或單位力法（unit-load method）求解 BD 彈簧內力並以合適的方法求 B 點向下位移量。未依指示方法求解者不予計分。（25 分）

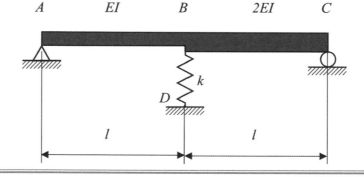

參考題解

（一）以「鎖住＋開鎖」計算彈簧不足 Δ 對 B 點造成的等值節點載重 P_{eq}

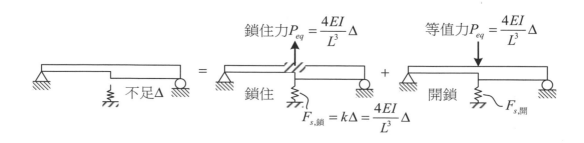

（二）計算**開鎖階段**的彈簧內力 $F_{s,開}$ 與彈簧變形 $\Rightarrow$ 取彈簧內力 $F_{s,開}$ 為贅力 R

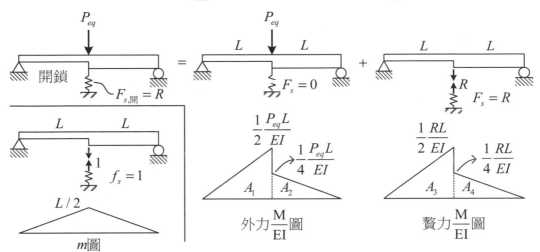

1. 外力對彈簧切口處產生的相對變位 Δ_I

$$A_1 = \frac{1}{2}\left[\frac{1}{2}\frac{P_{eq}L}{EI}\times L\right]=\frac{1}{4}\frac{P_{eq}L^2}{EI} \qquad y_1 = \frac{L}{2}\times\frac{2}{3}=\frac{L}{3}$$

$$A_2 = \frac{1}{2}\left[\frac{1}{4}\frac{P_{eq}L}{EI}\times L\right]=\frac{1}{8}\frac{P_{eq}L^2}{EI} \qquad y_2 = \frac{L}{2}\times\frac{2}{3}=\frac{L}{3}$$

$$1\cdot\Delta_I = \int m\frac{M}{EI}dx + f_s\frac{F_s}{k} = \sum A_i y_i + f_s\frac{F_s}{k} = A_1 y_1 + A_2 y_2 + f_s\frac{F_s}{k}$$

$$=\left(\frac{1}{4}\frac{P_{eq}L^2}{EI}\right)\left(\frac{L}{3}\right)+\left(\frac{1}{8}\frac{P_{eq}L^2}{EI}\right)\left(\frac{L}{3}\right)+(1)\left(\frac{0}{k}\right)=\frac{1}{8}\frac{P_{eq}L^3}{EI}$$

2. 贅力 R 對彈簧切口處產生的相對變位 Δ_{II}

$$A_3 = \frac{1}{2}\left[\frac{1}{2}\frac{RL}{EI}\times L\right]=\frac{1}{4}\frac{RL^2}{EI} \qquad y_3 = \frac{L}{2}\times\frac{2}{3}=\frac{L}{3}$$

$$A_2 = \frac{1}{2}\left[\frac{1}{4}\frac{RL}{EI}\times L\right]=\frac{1}{8}\frac{RL^2}{EI} \qquad y_4 = \frac{L}{2}\times\frac{2}{3}=\frac{L}{3}$$

$$1\cdot\Delta_{II} = \int m\frac{M}{EI}dx + f_s\frac{F_s}{k} = \sum A_i y_i + f_s\frac{F_s}{k} = A_3 y_3 + A_3 y_3 + f_s\frac{F_s}{k}$$

$$=\left(\frac{1}{4}\frac{RL^2}{EI}\right)\left(\frac{L}{3}\right)+\left(\frac{1}{8}\frac{RL^2}{EI}\right)\left(\frac{L}{3}\right)+(1)\left(\frac{R}{4EI/L^3}\right)=\frac{3}{8}\frac{RL^3}{EI}$$

3. 變位諧和

$$\Delta_I + \Delta_{II} = 0 \Rightarrow \frac{1}{8}\frac{P_{eq}L^3}{EI} + \frac{3}{8}\frac{RL^3}{EI} = 0 \therefore R = -\frac{1}{3}P_{eq} = -\frac{1}{3}\left(\frac{4EI}{L^3}\Delta\right) = F_{s,\text{開}}$$

（三）彈簧內力

$$F_s = F_{s,\text{鎖}} + F_{s,\text{開}} = \frac{4EI}{L^3}\Delta + \left(-\frac{1}{3}\times\frac{4EI}{L^3}\Delta\right) = \frac{8}{3}\frac{EI}{L^3}\Delta（拉力）$$

（四）B 點變位 Δ_B

1. 鎖住階段 B 點變位：$\Delta_{B,\text{鎖}} = 0$

2. 開鎖階段 B 點變位：$\Delta_{B,\text{開}} =$ 開鎖階段的彈簧變形量

$$彈簧變形量 = \frac{R}{K} = \frac{-\frac{1}{3}\left(\dfrac{4EI}{L^3}\Delta\right)}{\dfrac{4EI}{L^3}} = -\frac{1}{3}\Delta（縮短）\Rightarrow \Delta_{B,\text{開}} = \frac{1}{3}\Delta\ (\downarrow)$$

3. $\Delta_B = \Delta_{B,\text{鎖}} + \Delta_{B,\text{開}} = 0 + \frac{1}{3}\Delta = \frac{1}{3}\Delta\ (\downarrow)$

三、有一靜定結構及其受力如下圖所示。忽略剪力變形以及幾何非線性，在小位移狀態之下試回答下列問題：

（一）繪製如下靜定結構之彎矩圖。（5 分）

（二）不限方法，試求圖中 C 點左側梁部分的轉角。（10 分）

（三）使用共軛梁法求圖中 C 點的向下位移。（10 分）

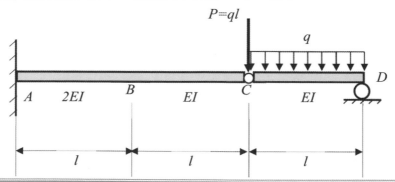

參考題解

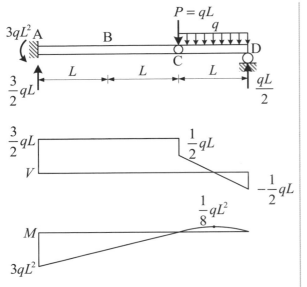

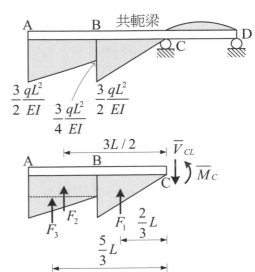

（一）繪製彎矩圖（上圖左）

（二）繪製共軛梁（上圖右）

（三）切開 C 點左側，取出 ABC 自由體，計算共軛梁上 C 點左側的剪力 $\overline{V}_{cL}$ 與彎矩 $\overline{M}_c$

1. $F_1 = \dfrac{1}{2} \times \dfrac{3}{2} \dfrac{qL^2}{EI} \times L = \dfrac{3}{4} \dfrac{qL^3}{EI}$　　$F_2 = \dfrac{3}{4} \dfrac{qL^2}{EI} \times L = \dfrac{3}{4} \dfrac{qL^3}{EI}$

   $F_3 = \dfrac{1}{2} \times \dfrac{3}{4} \dfrac{qL^2}{EI} \times L = \dfrac{3}{8} \dfrac{qL^3}{EI}$

2. $\sum F_y = 0$, $\overline{V}_{cL} = F_1 + F_2 + F_3 = \dfrac{15}{8} \dfrac{qL^3}{EI}$ $\therefore \theta_{cL} = \dfrac{15}{8} \dfrac{qL^3}{EI}$ $(\curvearrowright)$

3. $\sum M_c = 0$, $\overline{M}_c = F_1 \times \dfrac{2}{3}L + F_2 \times \dfrac{3}{2}L + F_3 \times \dfrac{5}{3}L \Rightarrow \overline{M}_c = \dfrac{1}{2} \dfrac{qL^4}{EI} + \dfrac{9}{8} \dfrac{qL^4}{EI} + \dfrac{5}{8} \dfrac{qL^4}{EI} = \dfrac{9}{4} \dfrac{qL^4}{EI}$

   $\therefore \Delta_c = \dfrac{9}{4} \dfrac{qL^4}{EI}$ $(\downarrow)$

四、靜不定梁結構如圖所示，圖中桿件 *AB*、*BC*、*CD* 長度皆為 4 m；斷面撓曲剛性（flexural rigidity）皆為 5 MN m²。試求由於節點 *A* 處基礎下陷 0.01 m 所引起的所有節點位移量以及所有桿件端點彎矩。本題限用傾角變位法，未使用指定方法計算者不予計分。僅考慮撓曲變形而忽略軸向變形。（25 分）

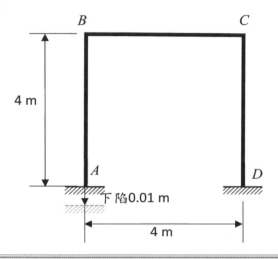

參考題解

（一）固端彎矩

$$M_{BC}^F = M_{CB}^F = \frac{6EI}{4^2} \times 0.01 = 18.75 \ kN-m$$

（二）k 值比 ⇒ $k_{AB} : k_{BC} : k_{CD} = \frac{EI}{4} : \frac{EI}{4} : \frac{EI}{4} = 1:1:1$

（三）R 值比 ⇒ $R_{AB} = R_{CD} = R$

（四）傾角變位式

$$M_{AB} = 1[\theta_B - 3R] = \theta_B - 3R$$

$$M_{BA} = 1[2\theta_B - 3R] = 2\theta_B - 3R$$

$$M_{BC} = 1[2\theta_B + \theta_C] + 18.75 = 2\theta_B + \theta_C + 18.75$$

$$M_{CB} = 1[\theta_B + 2\theta_C] + 18.75 = \theta_B + 2\theta_C + 18.75$$

$$M_{CD} = 1[2\theta_C - 3R] = 2\theta_C - 3R$$

$$M_{DC} = 1[\theta_C - 3R] = \theta_C - 3R$$

（五）力平衡條件

1. $\sum M_B = 0$, $M_{BA} + M_{BC} = 0 \Rightarrow 4\theta_B + \theta_C - 3R = -18.75$

2. $\sum M_C = 0$, $M_{CB} + M_{CD} = 0 \Rightarrow \theta_B + 4\theta_C - 3R = -18.75$

3. $\sum F_x = 0$, $\dfrac{M_{AB} + M_{BA}}{4} + \dfrac{M_{CD} + M_{DC}}{4} = 0 \Rightarrow 3\theta_B + 3\theta_C - 12R = 0$

聯立可得 $\begin{cases} \theta_B = -5.357 \\ \theta_C = -5.357 \\ R = -2.679 \end{cases}$

（六）計算 B、C 點位移

1. B 點

（1）水平位移 Δ_{BH}

真實式：$M_{BA} = \dfrac{2EI}{4}[2\theta_B - 3R_{AB}]$ $\Rightarrow$ $\dfrac{2EI}{4}R_{AB} = 1 \times R^{-2.679}$ $\therefore R_{AB} = -\dfrac{5.358}{EI}$

相對式：$M_{BA} = 1[2\theta_B - 3R]$

$\dfrac{\Delta_{BH}}{4} = \dfrac{5.358}{EI}$ $\therefore \Delta_{BH} = \dfrac{21.432}{EI} = \dfrac{21.432}{5000} \approx 0.00429m$ （←）

（2）B 點垂直位移 $\Delta_{BV} =$ A 點的下陷量

$\Rightarrow \Delta_{BV} = 0.01m(\downarrow)$

2. C 點

（1）C 點水平位移 = B 點水平位移 $\Rightarrow \Delta_{CH} = \Delta_{BH} = 0.00429m$ （←）

（2）C 點無垂直位移

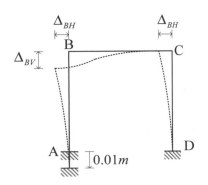

112年 特種考試地方政府公務人員考試試題／鋼筋混凝土學與設計

請依據內政部於民國 110 年 3 月 2 日公告實施迄今之「混凝土結構設計規範」或中國土木水利工程學會「混凝土工程設計規範與解說（土木 401-100）」作答。

一、一鋼筋混凝土梁斷面尺寸如下所示，配置 6 支#11 拉力筋，4 支#11 壓力筋。混凝土抗壓強度為 $280\,\text{kgf/cm}^2$，鋼筋降伏強度為 $4200\,\text{kgf/cm}^2$，求斷面設計彎矩強度 ϕM_n 為何？需考慮壓力筋對彎矩強度的貢獻。1 支#11 鋼筋斷面積為 $10.07\,\text{cm}^2$。（25 分）

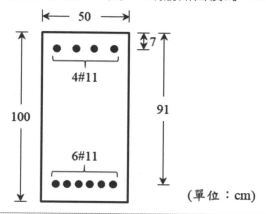

參考題解

假設平衡時中性軸位置為 c

此時 $\begin{cases} 拉力筋降伏 \\ 壓力筋不降伏 \end{cases}$

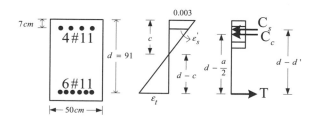

（一）壓力區

　1. 混凝土：

$$C_c = 0.85 f_c' ba = 0.85(280)(50)(0.85c) = 10115c$$

　2. 壓力筋：

$$f_s' = E_s \varepsilon_s = 2.04 \times 10^6 \left[\frac{c-7}{c}(0.003) \right] = 6120\left(\frac{c-7}{c} \right)$$

$$C_s = A_s'\left(f_s' - 0.85f_c'\right) = \left(4 \times 10.07\right)\left[6120\left(\frac{c-7}{c}\right) - 0.85 \times 280\right] = 236927 - \frac{1725595}{c}$$

（二）拉力區

$$T = A_s f_y = \left(6 \times 10.07\right)\left(4200\right) = 253764 \ kgf$$

（三）中性軸位置

1. $C_c + C_s = T \Rightarrow 10115c + \left(236927 - \dfrac{1725595}{c}\right) = 253764$

   $\Rightarrow c^2 - 1.66c - 170.6 = 0 \ \therefore c = 13.92 \ cm \ , \ -12.26 \ cm$（不合）

2. $\varepsilon_s' = \dfrac{c-d'}{c}\left(0.003\right) = \dfrac{13.92-7}{13.92}\left(0.003\right) = 0.00149 < \varepsilon_y \ (ok)$

   $\varepsilon_s = \dfrac{d-c}{c}\left(0.003\right) = \dfrac{91-13.92}{13.92}\left(0.003\right) = 0.0166 > \varepsilon_y \ (ok)$

（四）計算 ϕM_n

1. $C_c = 10115c^{13.92} = 140801 \ kgf \approx 140.8 \ tf$

   $C_s = 236927 - \dfrac{1725595}{c^{13.92}} = 112962 \ kgf \approx 112.96 \ tf$

2. $M_n = C_c\left(d - \dfrac{a}{2}\right) + C_s\left(d - d'\right) = 140.8\left(91 - \dfrac{0.85(13.92)}{2}\right) + 112.96(91-7)$

   $= 21468 \ tf - cm = 214.68 \ tf - m$

3. $\varepsilon_t = \varepsilon_s = 0.0166 \geq 0.005 \ \therefore \phi = 0.9 \Rightarrow \phi M_n = 0.9\left(214.68\right) = 193.212 \ tf - m$

二、一鋼筋混凝土柱斷面尺寸與配筋（12 支#10）如下所示，試計算該斷面受軸力與彎矩聯合作用之設計軸力與彎矩強度（ϕP_n 與 ϕM_n）。計算前述強度時，斷面受彎矩方向如圖所示，且斷面下緣應變恰為零。混凝土抗壓強度為 280 kgf/cm²，鋼筋降伏強度為 4200 kgf/cm²。1 支#10 鋼筋斷面積為 8.14 cm²。（25 分）

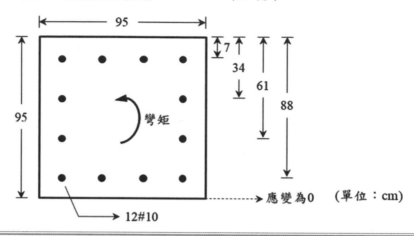

參考題解

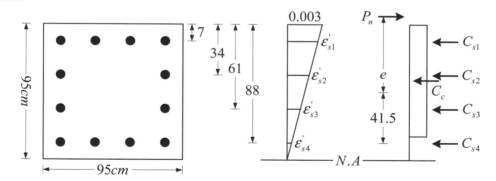

（一）斷面下緣應變為零 $\Rightarrow c = 95\ cm$

1. 壓力筋 1：$\varepsilon'_{s1} = \left(\dfrac{95-7}{95}\right)0.003 = 0.00278 > \varepsilon_y \Rightarrow f'_{s1} = f_y = 4200\ kgf/cm^2$

2. 壓力筋 2：$\varepsilon'_{s2} = \left(\dfrac{95-34}{95}\right)0.003 = 0.00193 < \varepsilon_y$

$\Rightarrow f'_{s2} = E_s \varepsilon'_{s2} = 2.04 \times 10^6 (0.00193) \approx 3937\ kgf/cm^2$

3. 壓力筋 3：$\varepsilon'_{s3} = \left(\dfrac{95-61}{95}\right)0.003 = 0.00107 < \varepsilon_y$

$\Rightarrow f'_{s3} = E_s \varepsilon'_{s3} = 2.04 \times 10^6 (0.00107) \approx 2183\ kgf/cm^2$

4. 壓力筋 4：$\varepsilon'_{s4} = \left(\dfrac{95-88}{95}\right)0.003 = 0.00022 < \varepsilon_y$

$$\Rightarrow f'_{s4} = E_s \varepsilon'_{s4} = 2.04 \times 10^6 (0.00022) \approx 449 \; kgf/cm^2$$

（二）鋼筋與混凝土受力

1. 混凝土：

$$C_c = 0.85 f'_c ba = 0.85(280)(95)(0.85 \times 95) = 1825758 \; kgf \approx 1825.76 \; tf$$

2. 壓力筋 1：

$$C_{s1} = A'_{s1}(f'_{s1} - 0.85f'_c) = (4 \times 8.14)(4200 - 0.85 \times 280) = 129003 \; kgf \approx 129 \; tf$$

3. 壓力筋 2：

$$C_{s2} = A'_{s2}(f'_{s2} - 0.85f'_c) = (2 \times 8.14)(3937 - 0.85 \times 280) = 60220 \; kgf \approx 60.22 \; tf$$

4. 壓力筋 3

$$C_{s3} = A'_{s3}(f'_{s3} - 0.85f') = (2 \times 8.14)(2183 - 0.85 \times 280) = 31665 \; kgf \approx 31.67 \; tf$$

5. 壓力筋 4

$$C_{s4} = A'_{s4}f'_4 = (4 \times 8.14)(449) = 14619 \; kgf \approx 14.62 \; tf$$

（三）計算 P_n、e、M_n

1. $P_n = C_c + C_{s1} + C_{s2} + C_{s3} + C_{s4} = 1825.76 + 129 + 60.22 + 31.67 + 14.62 = 2061.27 \; tf$

2. 以壓力筋 4 為力矩中心，計算偏心距 e

$$P_n(e + d'') = C_c\left(d - \frac{a}{2}\right) + C_{s1}(88-7) + C_{s2}(88-34) + C_{s3}(88-61)$$

$$\Rightarrow 2061.27(e + 40.5) = 1825.76\left(88 - \frac{0.85 \times 95}{2}\right) + 129(81) + 60.22(54) + 31.67(27)$$

$$\therefore e = 8.75 \; cm$$

3. $M_n = P_n e = 2061.27(8.75) = 18036 \; tf-cm \approx 180.36 \; tf-m$

（四）$\phi P_n = 0.65(2061.27) \approx 1340 \; tf$

$\phi M_n = 0.65(180.36) \approx 117.23 \; tf-m$

三、一鋼筋混凝土簡支梁如下所示，受均佈使用等級靜載 $w_D = 5$ tf/m，均佈使用等級活載 $w_L = 2$ tf/m，試計算跨度中央受持續載重之長時撓度Δ，持續載重包括靜載與 20%活載。計算未開裂斷面慣性矩時，忽略鋼筋之貢獻，計算開裂斷面慣性矩時，須考慮拉力與壓力鋼筋之貢獻。持續載重之時間效應因數 ξ 採 2.0。混凝土抗壓強度為 280 kgf/cm²，鋼筋降伏強度為 4200 kgf/cm²。1 支#10 鋼筋斷面積為 8.14 cm²。（25 分）相關公式羅列如下：

$$I_e = \left(\frac{M_{cr}}{M_a}\right)^3 I_g + \left[1 - \left(\frac{M_{cr}}{M_a}\right)^3\right] I_{cr} \cdot E_c = 15000\sqrt{f_c'} \cdot f_r = 2.0\sqrt{f_c'} \cdot$$

$$\lambda_\Delta = \frac{\xi}{1 + 50\rho'} \cdot \Delta = \frac{5wL^4}{384EI}$$

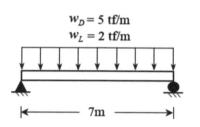
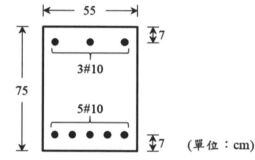

參考題解

（一）計算 I_g、M_{cr}

$$I_g = \frac{1}{12} \times 55 \times 75^3 = 1933594 \ cm^4$$

$$M_{cr} = \frac{bh^2}{6} \times 2\sqrt{f_c'} = \frac{55 \times 75^2}{6} \times 2\sqrt{280}$$

$$= 1725611 \ kgf - cm \approx 17.26 \ tf - m$$

（二）計算 I_{cr}

1. $d = 68 \ cm \qquad d' = 7 \ cm$

2. $n = \dfrac{E_s}{E_c} = \dfrac{2.04 \times 10^6}{15000\sqrt{280}} \approx 8.1$

   $A_s = 5 \times 8.14 = 40.7 \ cm^2 \ \Rightarrow nA_s = 8.1(40.7) = 329.67 \ cm^2$

   $A_s' = 3 \times 8.14 = 24.42 \ cm^2 \ \Rightarrow (n-1)A_s' = (8.1-1)(24.42) \approx 173.38 \ cm^2$

3. 中性軸位置

$$\frac{1}{2}bc^2 + (n-1)A'_s(c-d') = nA_s(d-c)$$

$$\Rightarrow \frac{1}{2}(55)c^2 + (173.38)(c-7) = (329.67)(68-c)$$

$$\Rightarrow 27.5c^2 + 503.05c - 23631 = 0$$

$$\therefore c = 21.56\,cm\ ,\ -39.85\,cm（負不合）$$

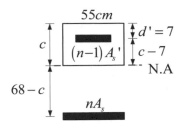

4. 計算 I_{cr}

$$I_{cr} = \frac{1}{3}bc^3 + (n-1)A'_s(c-d')^2 + nA_s(d-c)^2$$

$$= \frac{1}{3}(55)(21.56)^3 + (173.38)(21.56-7)^2 + (329.67)(68-21.56)^2 = 931479\,cm^4$$

（三）持續性撓度造成的瞬時撓度 $(\Delta_i)_{D+0.2L}$

1. $w_{D+0.2L} = 5 + 0.2 \times 2 = 5.4\,tf/m = 54\,kgf/cm$

$$M_a = \frac{1}{8}w_{D+0.2L}L^2 = \frac{1}{8}(5.4)(7)^2 = 33.075\,tf-m > M_{cr}$$

$$\frac{M_{cr}}{M_a} = \frac{17.26}{33.075} \approx 0.522$$

2. $I_e = \left(\frac{M_{cr}}{M_a}\right)^3 I_g + \left[1 - \left(\frac{M_{cr}}{M_a}\right)^3\right]I_{cr}$

$$= (0.522)^3(1933594) + \left[1-(0.522)^3\right](931479) = 1074016\,cm^4$$

3. $(\Delta_i)_{D+0.2L} = \frac{5}{384}\frac{w_{D+0.2L}L^4}{E_cI_e} = \frac{5}{384}\frac{54(700)^4}{(15000\sqrt{280})(1074016)} \approx 0.626\,cm$

（四）持續性載重造成之長期撓度

1. $(\Delta_i)_{sus} = (\Delta_i)_{D+0.2L} = 0.626\,cm$

2. $\lambda_\Delta = \frac{\xi}{1+50\rho'} = \frac{2}{1+50\left(\frac{3\times8.14}{55\times68}\right)} \approx 1.51$

3. $\Delta_{\text{長期撓度}} = \Delta_{D+0.2L} + \lambda_\Delta\Delta_{sus} = 0.626 + 0.626(1.51) \approx 1.57\,cm$

四、一韌性（特殊）抗彎矩構架梁如下所示，該梁受一均佈靜載與活載組合之設計載重 w_u = 5 tf/m，不受軸力作用，剪力鋼筋採#4，試設計梁塑鉸區之剪力鋼筋最大間距。混凝土抗壓強度為 280 kgf/cm²，鋼筋降伏強度為 4200 kgf/cm²。按規範，若地震引致之剪力超過設計剪力之半，且包括地震效應之設計軸壓力小於 $0.05A_g f_c'$，則設計其剪力鋼筋時，V_c 值應假設為零。1 支#10 鋼筋斷面積為 8.14 cm²，1 支#4 鋼筋斷面積為 1.27 cm²。計算梁兩端斷面最大可能彎矩強度 M_{pr} 時，忽略壓力筋貢獻。（25 分）

混凝土剪力強度公式採 $V_c = 0.53\sqrt{f_c'}b_w d$ 。

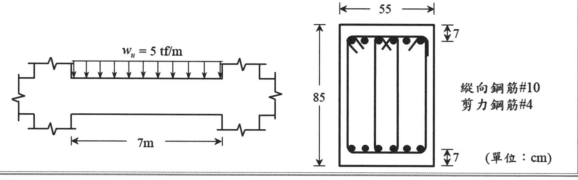

參考題解

（一）計算 M_{pr}^+ （ $= M_{pr}^-$ ，上下對稱配筋）

1. $C_c = 0.85 f_c' ba = 0.85(280)(55)0.85c = 11126.5\,c$

   $T = A_s (1.25 f_y) = (6 \times 8.14)(1.25 \times 4200) = 256410\ kgf$

   $C_c = T \Rightarrow 11126.5c = 256410 \quad \therefore c = 23.04cm$

2. $M_{pr}^+ = C_c \left(d - \dfrac{a}{2}\right) = 11126.5 \not{c}^{23.04} \left(78 - \dfrac{0.85 \not{c}^{23.04}}{2}\right) = 17485431\ kgf-cm$

   $\approx 174.85\ tf-m$

（二）設計剪力 V_e

$$V_e = \frac{1}{2} w_u L_n + \frac{M_{pr}^+ + M_{pr}^-}{L} = \frac{1}{2}(5 \times 7) + \frac{174.85 + 174.85}{7} = 17.5 + 49.96 = 67.46\ tf$$

（三）剪力計算強度 V_n

1. $\dfrac{M_{pr}^+ + M_{pr}^-}{L} = 49.96 \geq \dfrac{1}{2} w_u L_n = 17.5 \implies V_c$ 視為 0

2. $V_s = \dfrac{dA_v f_y}{s} = \dfrac{(78)(4 \times 1.27)(4200)}{s} = \dfrac{1664208}{s}$

3. $V_n = \cancel{V_c}^{0} + V_s = \dfrac{1664208}{s}$

（四）$\phi V_n \geq V_u \implies 0.75 \left(\dfrac{1664208}{s} \right) \geq 67.46 \times 10^3 \quad \therefore s \leq 18.5 \ cm \ ....①$

（五）梁塑鉸區剪力筋間距規定(401-100)

$$s \leq \left\{ \dfrac{d}{4} \ , \ 8d_b \ , \ 24d_s \ , \ 30 \right\} \implies s \leq \left\{ \dfrac{78}{4} \ , \ 8(3.22) \ , \ 24(1.27) \ , \ 30 \right\}$$

$$\implies s \leq \{19.5 \ , \ 25.76 \ , \ 30.48 \ , \ 30\} \quad \therefore s \leq 19.5 \ cm \ ....②$$

（六）綜合①②可得梁塑鉸區剪力筋最大間距 $s = 18.5 \ cm$

112年 特種考試地方政府公務人員考試試題／平面測量與施工測量

一、水準儀有那些主軸及各軸間關係為何？試繪圖說明之。（25 分）

參考題解

（一）水準儀的主軸如下：

　1. 直立軸（垂直軸）：指望遠鏡作水平旋轉之旋轉軸，定平完成時應為垂線方向。

　2. 水準軸：指通過水準管表面刻劃中點之切線。

　3. 視準軸：指望遠鏡物鏡中心與十字絲中心的連線。

（二）如右圖，各主軸之間應有的幾何關係如下：

　1. 水準軸應垂直於直立軸。

　2. 視準軸應平行於水準軸。

二、如圖四個水準點 A、B、C、D，由 A 點開始施測水準測量，點與點間之高程差分別為
－25.633 m、+ 37.457 m、+43.213 m 及－55.026 m，點與點間之距離為 4.0 km、6.0 km、
5.0 km 及 3.0 km，A 點高程為 534.596 m，請計算平差後的各點高程。（20 分）

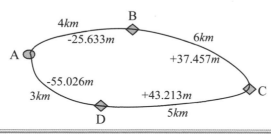

參考題解

閉合差 $\varepsilon = -25.633 + 37.457 + 43.213 - 55.026 = +0.011\,m$

因對高程差進行閉合差改正，故平差改正之權比與測線段長成正比，即 $4.0 : 6.0 : 5.0 : 3.0$。

各測線段高程差平差改正值為：

$$\gamma_{AB} = -\frac{4.0}{4.0+6.0+5.0+3.0} \times 0.011 = -0.002\,m$$

$$\gamma_{BC} = -\frac{6.0}{4.0+6.0+5.0+3.0} \times 0.011 = -0.004\,m$$

$$\gamma_{CD} = -\frac{5.0}{4.0+6.0+5.0+3.0} \times 0.011 = -0.003 \ m$$

$$\gamma_{DA} = -\frac{3.0}{4.0+6.0+5.0+3.0} \times 0.011 = -0.002 \ m$$

平差改正後各測段高程差為：

$$\Delta h_{AB} = -25.633 + \gamma_{AB} = -25.633 - 0.002 = -25.635 \ m$$

$$\Delta h_{BC} = +37.457 + \gamma_{BC} = +37.457 - 0.004 = +37.453 \ m$$

$$\Delta h_{CD} = +43.213 + \gamma_{CD} = +43.213 - 0.003 = +43.210 \ m$$

$$\Delta h_{DA} = -55.026 + \gamma_{DA} = -55.026 - 0.002 = -55.028 \ m$$

驗證：

$$\Delta h_{AB} + \Delta h_{BC} + \Delta h_{CD} + \Delta h_{DA} = -25.635 + 37.453 + 43.210 - 55.028 = 0.000 \ m$$

平差後各點高程：

$$H_B = H_A + \Delta h_{AB} = 534.596 - 25.635 = 508.961 \ m$$

$$H_C = H_B + \Delta h_{BC} = 508.961 + 37.453 = 546.414 \ m$$

$$H_D = H_C + \Delta h_{CD} = 546.414 + 43.210 = 589.624 \ m$$

$$H_A = H_D + \Delta h_{DA} = 589.624 - 55.028 = 534.596 \ m \ （驗證）$$

三、如圖在臺北市區有一三角形土地ΔABC，一測量員測得下列數據：邊長 a 丈量五次得 30.12 m、30.13 m、30.15 m、30.16 m 及 30.14 m，邊長 b 同樣丈量五次得 40.24 m、40.26 m、40.25 m、40.23 m 及 40.22 m，角度 θ 觀測 4 次角度分別為 44°59'58"、45°00'2"、45°00'3" 及 44°59'57"。

（一）試求ΔABC 之面積為若干坪？（10 分）（1 坪 = 3.30582 m²）

（二）該處土地市價為每坪 1 百萬元，試計算面積標準誤差所相對應的土地價格為何？（20 分）

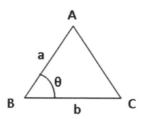

參考題解

邊長 a 之最或是值 $\bar{a}$ 及標準誤差 M_a 計算：

$$\bar{a} = \frac{30.12 + 30.13 + 30.15 + 30.16 + 30.14}{5} = 30.14 \, m$$

$$V_1 = 30.14 - 30.12 = +0.02 \, m$$

$$V_2 = 30.14 - 30.13 = +0.01 \, m$$

$$V_3 = 30.14 - 30.15 = -0.01 \, m$$

$$V_4 = 30.14 - 30.16 = -0.02 \, m$$

$$V_5 = 30.14 - 30.14 = 0.00 \, m$$

$$M_{\bar{a}} = \pm\sqrt{\frac{[VV]}{n(n-1)}} = \pm\sqrt{\frac{0.02^2 + 0.01^2 + (-0.01)^2 + (-0.02)^2 + 0.00^2}{5 \times (5-1)}} = \pm 0.007 \, m$$

邊長 b 之最或是值 $\bar{b}$ 及標準誤差 M_b 計算：

$$\bar{b} = \frac{40.24 + 40.26 + 40.25 + 40.23 + 40.22}{5} = 40.24 \, m$$

$$V_1 = 40.24 - 40.24 = 0.00 \, m$$

$$V_2 = 40.24 - 40.26 = -0.02 \, m$$

$$V_3 = 40.24 - 40.25 = -0.01 \, m$$

$$V_4 = 40.24 - 40.23 = +0.01\ m$$

$$V_5 = 40.24 - 40.22 = +0.02\ m$$

$$M_{\bar{b}} = \pm\sqrt{\frac{[VV]}{n(n-1)}} = \pm\sqrt{\frac{0.00^2 + (-0.02)^2 + (-0.01)^2 + 0.01^2 + 0.02^2}{5 \times (5-1)}} = \pm 0.007\ m$$

角度 θ 之最或是值 $\bar{\theta}$ 及標準誤差 M_θ 計算：

$$\bar{\theta} = \frac{44°59'58'' + 45°00'02'' + 45°00'03'' + 44°59'57''}{4} = 45°00'00''$$

$$V_1 = 45°00'00'' - 44°59'58'' = +2''$$

$$V_2 = 45°00'00'' - 45°00'02'' = -2''$$

$$V_3 = 45°00'00'' - 45°00'03'' = -3''$$

$$V_4 = 45°00'00'' - 44°59'57'' = +3''$$

$$M_{\bar{\theta}} = \pm\sqrt{\frac{[VV]}{n(n-1)}} = \pm\sqrt{\frac{2^2 + (-2)^2 + (-3)^2 + 0.03^2}{4 \times (4-1)}} = \pm 1.5''$$

（一）ΔABC 面積 S 計算：

$$S = \bar{a} \times \bar{b} \times \sin\bar{\theta} = \frac{1}{2} \times 30.14 \times 40.24 \times \sin 45°00'00'' = 428.801\ m^2$$

$$= 428.801 \times 0.3025\ 坪 = 129.712\ 坪$$

（二）ΔABC 面積標準誤差 M_S 計算：

$$\frac{\partial S}{\partial \bar{a}} = \frac{1}{2} \times \bar{b} \times \sin\bar{\theta} = \frac{1}{2} \times 40.24 \times \sin 45°00'00'' = 14.227\ m$$

$$\frac{\partial S}{\partial \bar{b}} = \frac{1}{2} \times \bar{a} \times \sin\bar{\theta} = \frac{1}{2} \times 30.14 \times \sin 45°00'00'' = 10.656\ m$$

$$\frac{\partial S}{\partial \bar{\theta}} = \frac{1}{2} \times \bar{a} \times \bar{b} \times \cos\bar{\theta} = \frac{1}{2} \times 30.14 \times 40.24 \times \cos 45°00'00'' = 428.801\ m^2$$

面積誤差 $M_S = \pm\sqrt{(\frac{\partial S}{\partial \bar{a}})^2 \times M_{\bar{a}}^2 + (\frac{\partial S}{\partial \bar{b}})^2 \times M_{\bar{b}}^2 + (\frac{\partial S}{\partial \bar{\theta}})^2 (\frac{M_{\bar{\theta}}''}{\rho''})^2}$

$$= \pm\sqrt{(14.227)^2 \times 0.007^2 + (10.656)^2 \times 0.007^2 + (428.801)^2 \times (\frac{1.5''}{\rho''})^2}$$

$$= \pm 0.124 m^2 = \pm 0.124 \times 0.3025\ 坪 \approx 0.04\ 坪$$

面積標準誤差所相對應的土地價格約為 $0.04 \times 1,000,000 = 40,000$ 元

四、全球導航衛星系統（GNSS）為目前空間資訊定位的主要作業模式，請問其與訊號傳播
有關的誤差為何？請詳細解釋。（25 分）

參考題解

誤差種類	誤差產生原因	改善之道
電離層 延遲誤差	電離層位於高度約 50～1000 公里的大氣範圍，電離層內充滿了不穩定狀態的離子化粒子和電子，對 GNSS 無線電訊號會有折射影響，導致衛星訊號的傳播時間延遲。 電離層延遲誤差與觀測日期、季節、太陽黑子活動和衛星高度等因素相關。	1. 以雙頻觀測量之差分線性組合成無電離層效應之觀測量，可消除大部份誤差。 2. 採後處理精密衛星軌道星曆。 3. 利用電離層數學模式修正之。 4. 盡量於晚上觀測。
對流層 延遲誤差	對流層位於高度約 40 公里的大氣範圍，為一個中性的大氣範圍，對流層會對無線電訊號產生折射的現象，造成訊號傳播時間的延遲，此影響與訊號之頻率無關，但與衛星高度、測站緯度及高度相關。 對流層延遲的影響分為乾分量和濕分量兩部分，其中乾分量誤差量約佔 90%，主要與大氣的溫度和壓力有關，可用數學模式消除之；濕分量約佔 10%，但難以精確測定。	1. 利用對流層數學模式改正之。 2. 衛星觀測高度角大於 15 度。 3. 視為待定參數於平差時一併求解。 4. 利用差分計算減弱其影響。 5. 直接採用水氣輻射儀測定大氣之水氣含量。
多路徑 效應誤差	接收天線除了直接接收到衛星訊號外，同時也會接收到經周圍地物反射的間接訊號，兩種訊號因到達天線相位中心的時間不同步而存在著時間差和相位差，疊加在一起會引起測量點（天線相位中心）位置的變化。由於直接訊號與間接訊號之間存在著時間差和相位差，將導致接收儀無法分辨與量測出真正的相位觀測量。 多路徑效應的影響與測站周圍的物理環境及測站和衛星之間的幾何位置有關。	1. 避開較強的反射面及高傳導性的物體，如水面、平坦光滑地面、平整之建築物表面等。 2. 選擇造型適當且屏蔽良好的天線。例如天線增加擋板或採抗波環圈。 3. 增長觀測時間，藉多餘觀測量將誤差均勻化。 4. 採數學模式分析多路徑效應之誤差量，再於觀測量中改正之。

112年 特種考試地方政府公務人員考試試題／土壤力學與基礎工程

一、某一方形基礎 2 m × 2 m，基礎深度$D_f = 3$ m，座落之土壤有效剪力強度參數分別為 $\varphi' = 30°$，$c' = 10$ kPa；單位重為18 kN/m³，請計算極限承載力（ultimate bearing capacity）及容許承載力（allowable bearing capacity）（註$\varphi' = 30°$之 $N_c = 37$，$N_q = 22$，$N_\gamma = 19$，採用安全係數 FS = 3 作答）。（25 分）

參考題解

方形基礎極限承載力
$$q_u = 1.3cN_c + qN_q + 0.4\gamma BN_\gamma$$
$$= 1.3 \times 10 \times 37 + 18 \times 3 \times 22 + 0.4 \times 18 \times 2 \times 19$$
$$= 1942.6 \text{ kPa} .... \text{Ans.}$$

淨承載力 $q_n = q_u - q = 1942.6 - 18 \times 3 = 1888.6$ kPa

基礎容許承載力 $q_a = \dfrac{q_n}{FS} + q = \dfrac{1888.6}{3} + 18 \times 3 = 683.53 .... \text{Ans.}$

二、統一土壤分類法中使用的符號（symbol）C、M、L、H、O 分別代表什麼意思？必須符合那些條件？（25 分）

參考題解

（一）符號（symbol）C、M、L、H、O

符號	意義與分類依據
粉土 M	1. M 為細粒土壤，稱（無機）粉土 2. 通過＃200 篩 ≥ 50%，且在 Casagrande 塑性圖 A－line下方或 PI < 4
黏土 C	1. C 為細粒土壤，稱（無機）黏土 2. 通過＃200 篩 ≥ 50%，且在 Casagrande 塑性圖 A－line上方且 PI > 7
低塑性 L	指通過＃200 篩 ≥ 50%之細粒土壤，液性限度 $LL < 50$ 者
高塑性 H	指通過＃200 篩 ≥ 50%之細粒土壤，液性限度 $LL \geq 50$ 者
有機土 O	O 為細粒土壤，稱有機粉土、或有機黏土。判別土壤為有機質土壤，須滿足下列判別式： $\dfrac{\text{土壤烘乾後再加水的液性限度}}{\text{未烘乾土壤的液性限度}} < 0.75$

三、某土壤進行 CU 三軸試驗，獲得下表數據，請求取此一土壤的有效摩擦角及有效凝聚力（effective friction angle and cohesion）。（25 分）

試體編號	圍壓	軸差應力	破壞時試體孔隙水壓力
S-1	30 kN/m²	80 kN/m²	10 kN/m²
S-2	60 kN/m²	120 kN/m²	20 kN/m²

參考題解

利用 $\sigma_1' = \sigma_3' K_p + 2c'\sqrt{K_p'}$

$(30 + 80 - 10) = (30 - 10) \times K_p' + 2c'\sqrt{K_p'}$ …………………(1)

$(60 + 120 - 20) = (60 - 20) \times K_p' + 2c'\sqrt{K_p'}$ …………………(2)

聯立(1)(2)，可得 $K_p' = 3 = \tan^2\left(45° + \dfrac{\varphi'}{2}\right)$

$\Rightarrow$ 有效摩擦角 $\varphi' = 30°$　　有效凝聚力 $c' = 11.547kPa$ ……………… Ans.

四、請詳述執行建築物基礎基地調查，應如何決定調查範圍、點數與深度。（提示：可依內政部「建築物基礎構造設計規範」或對此一主題的學識、經驗作答）。（25 分）

參考題解

（一）調查範圍

調查範圍至少應涵蓋建築物基地之面積，及其四周可能影響本基地工程安全性之範圍；若以鄰產保護為目的而作之調查，其調查範圍應及於施工影響所及之範圍。舉新北市對於領有建築築照之建築物規定為例，建築物施工前應辦理之現況鑑定範圍係由承造人、專任工程人員依現況自行認定並須自行負責，惟一般常見係以基地為中心、其水平距離在開挖深度四倍範圍內為其調查範圍，調查對象係以既有建築物現況為主。

（二）調查點數

地基調查密度應視工程性質及對基地地質條件之了解程度而定，規劃必要之調查方法及調查點數。原則上，基地面積每六百平方公尺或建築物基礎所涵蓋面積每三百平方公尺者，應設一處調查點，每一基地至少二處，惟對於地質條件變異性較大之地區，

應增加調查點數。對於大面積之基地，基地面積超過六千平方公尺或建築物基礎所涵蓋面積超過三千平方公尺之部份，得視基地之地形、地層複雜性及建築物結構設計之需求調整調查密度。

（三）調查深度

調查深度至少應達到可據以確認基地之地層狀況、基礎設計與施工安全所需要之深度。一般情況下，可採下列原則：

1. 淺基礎基腳之調查深度應達基腳底面以下至少四倍基腳寬度之深度，或達可確認之承載層深度。

2. 樁基礎之調查深度應達樁基礎底面以下至少四倍基樁直徑之深度，或達可確認之承載層深度。

3. 沉箱基礎之調查深度應達沉箱基礎底面以下至少三倍沉箱直徑或寬度之深度，或達可確認之承載層深度。

4. 對於浮筏基礎或其他各類基礎座落於可能發生壓密沉陷之軟弱地層上時，調查深度至少應達因建築物載重所產生之垂直應力增量小於百分之十之地層有效覆土壓力值之深度，或達低壓縮性之堅實地層。

5. 對於深開挖工程，調查深度應視地層性質、軟硬程度及地下水文條件而定，至少應達 1.5～2.5 倍開挖深度之範圍，或達可確認之承載層或不透水層深度。

單元 **6**

地方特考
四等

112年　特種考試地方政府公務人員考試試題／
靜力學概要與材料力學概要

一、如圖之截面，求此截面對 x 軸、y 軸之面積慣性矩 I_x、I_y，及面積慣性積 I_{xy}。（25 分）

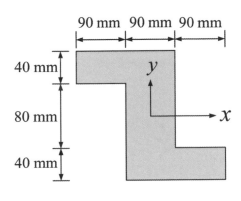

參考題解

（一）$I_x = \left[\dfrac{1}{3} \times 180 \times 80^3 - \dfrac{1}{3} \times 90 \times 40^3\right] \times 2 = 576 \times 10^5 \ mm^4$

（二）$I_y = \left[\dfrac{1}{3} \times 40 \times 45^3 + \dfrac{1}{3} \times 40 \times 135^3\right] \times 2 + \dfrac{1}{12} \times 80 \times 90^3 = 729 \times 10^5 \ mm^4$

（三）$I_{xy} = (40 \times 90)(-90)(60) + (40 \times 90)(90)(-60) = -388.8 \times 10^5 \ mm^4$

二、重為 W 之物體放在傾斜 θ 角之斜面上，如圖所示。物體與斜面間的最大靜摩擦角為 ϕ_s，
且 $\phi_s > \theta$，則使物體產生臨界運動（impending motion）之最小水平力 Q＝？（25 分）

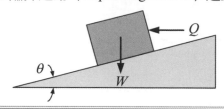

參考題解

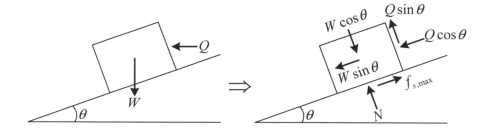

（一）下滑力：$F_s = W\sin\theta + Q\cos\theta$

（二）斜面的正向力：$N = W\cos\theta - Q\sin\theta$

斜面可提供之最大靜摩擦力：$f_{s.max} = \phi_s \cdot N = \tan\phi_s\left(W\cos\theta - Q\sin\theta\right)$

（三）臨界運動狀態：$F_s = f_{s.max} \Rightarrow W\sin\theta + Q\cos\theta = \tan\phi_s\left(W\cos\theta - Q\sin\theta\right)$

$$\Rightarrow Q\left(\cos\theta + \tan\phi_s \cdot \sin\theta\right) = W\left(\tan\phi_s \cdot \cos\theta - \sin\theta\right) \ \therefore Q = \left(\frac{\tan\phi_s \cdot \cos\theta - \sin\theta}{\cos\theta + \tan\phi_s \cdot \sin\theta}\right)W$$

【備註】

最大靜摩擦角 $\phi_s \Rightarrow$ 靜摩擦係數 ＝ $\tan\phi_s$

三、如圖示，垂直桿 ABC 為非等截面。AB 段：長度 L_1，截面積 A_1，楊氏模數為 E；BC 段：長度 L_2，截面積 A_2，楊氏模數為 E。水平桿 BDE 為剛性桿。外力 P_1 及 P_2 分別作用於 C 點及 E 點。求：B 點垂直方向位移 Δ_B，C 點垂直方向位移 Δ_C，E 點垂直方向位移 Δ_E。（25 分）

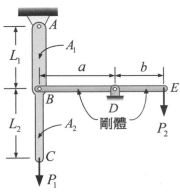

參考題解

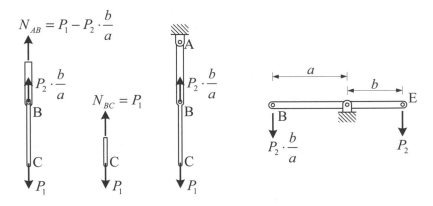

（一）B 點垂直位移＝AB桿變形量（假定 AB 桿內力為拉力）

$$\Delta_B = \delta_{AB} = \frac{N_{AB}L_1}{EA_1} = \frac{\left(P_1 - P_2 \cdot \dfrac{b}{a}\right)L_1}{EA_1} \quad（正表 AB 桿伸長，\Delta_B 向下）$$

（二）C 點垂直位移＝AB桿變形量＋BC桿變形量（假定 BC 桿內力為拉力）

$$\Delta_C = \delta_{AB} + \delta_{BC} = \frac{\left(P_1 - P_2 \cdot \dfrac{b}{a}\right)L_1}{EA_1} + \frac{N_{BC}L_2}{EA_2} = \frac{\left(P_1 - P_2 \cdot \dfrac{b}{a}\right)L_1}{EA_1} + \frac{P_1 L_2}{EA_2} \quad（正表 \Delta_C 向下）$$

（三）E 點垂直位移與 B 點垂直位移存在比例關係

$$\frac{\Delta_E}{\Delta_B} = \frac{b}{a} \Rightarrow \Delta_E = \frac{b}{a} \cdot \Delta_B = \frac{b}{a} \cdot \frac{\left(P_1 - P_2 \cdot \frac{b}{a}\right)L_1}{EA_1} \quad (\text{正表 } \Delta_B \text{ 向下} \Rightarrow \Delta_E \text{ 向上})$$

$$\delta_{AB} = \frac{N_{AB}L_1}{E_1 A_1} = \frac{\left(P_1 - P_2 \cdot \frac{b}{a}\right)L_1}{E_1 A_1}$$

$$\delta_{BC} = \frac{N_{BC}L_2}{E_2 A_2} = \frac{P_1 L_2}{E_2 A_2}$$

$$\Delta_B = \delta_{AB} = \frac{\left(P_1 - P_2 \cdot \frac{b}{a}\right)L_1}{E_1 A_1}$$

$$\Delta_C = \delta_{AB} + \delta_{BC} = \frac{\left(P_1 - P_2 \cdot \frac{b}{a}\right)L_1}{E_1 A_1} + \frac{P_1 L_2}{E_2 A_2}$$

$$\frac{\Delta_E}{\Delta_B} = \frac{b}{a} \Rightarrow \Delta_E = \frac{b}{a} \cdot \Delta_B = \frac{b}{a} \cdot \frac{\left(P_1 - P_2 \cdot \frac{b}{a}\right)L_1}{E_1 A_1}$$

四、如圖示之托架，力量 $F_1 = 70N$，$F_2 = 30\,N$ 分別作用於 B，D 兩點，求此力系之合力向量 $\vec{F}_R$，及對 O 點之合力矩向量 $\vec{M}_{RO}$。（25 分）

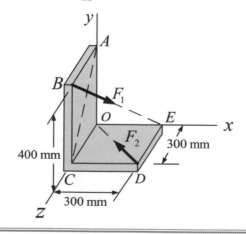

參考題解

（一）計算合力向量 $\overline{F}_R$

　　1. 將 F_1 力量化成向量 $\overline{F}_1$

　　　　（1）B 點座標：(0,400,300)、E 點座標(300,0,0)

$$\vec{r}_{BE} = (300,0,0) - (0,400,300) = 300\vec{i} - 400\vec{j} - 300\vec{k}$$

$$\left|\vec{r}_{BE}\right| = \sqrt{300^2 + (-400)^2 + (-300)^2} = 100\sqrt{34}$$

$$\vec{u}_{BE} = \frac{\vec{r}_{BE}}{\left|\vec{r}_{BE}\right|} = \frac{3}{\sqrt{34}}\vec{i} - \frac{4}{\sqrt{34}}\vec{j} - \frac{3}{\sqrt{34}}\vec{k}$$

　　　　（2）$\overline{F}_1 = F_1\vec{u}_{BE} = \dfrac{210}{\sqrt{34}}\vec{i} - \dfrac{280}{\sqrt{34}}\vec{j} - \dfrac{210}{\sqrt{34}}\vec{k}$

　　2. 將 F_2 力量化成向量 $\overline{F}_2$

　　　　（1）D 點座標(300,0,300)、O 點座標：(0,0,0)

$$\vec{r}_{DO} = (0,0,0) - (300,0,300) = -300\vec{i} - 300\vec{k}$$

$$\left|\vec{r}_{DO}\right| = \sqrt{(-300)^2 + (-300)^2} = 300\sqrt{2}$$

$$\vec{u}_{DO} = \frac{\vec{r}_{DO}}{\left|\vec{r}_{DO}\right|} = -\frac{1}{\sqrt{2}}\vec{i} - \frac{1}{\sqrt{2}}\vec{k}$$

　　　　（2）$\overline{F}_2 = F_2\vec{u}_{DO} = -\dfrac{30}{\sqrt{2}}\vec{i} - \dfrac{30}{\sqrt{2}}\vec{k}$

　　3. $\overline{F}_R = \overline{F}_1 + \overline{F}_2 = \left(\dfrac{210}{\sqrt{34}}\vec{i} - \dfrac{280}{\sqrt{34}}\vec{j} - \dfrac{210}{\sqrt{34}}\vec{k}\right) + \left(-\dfrac{30}{\sqrt{2}}\vec{i} - \dfrac{30}{\sqrt{2}}\vec{k}\right)$

$$= \left(\frac{210}{\sqrt{34}} - \frac{30}{\sqrt{2}}\right)\vec{i} - \frac{280}{\sqrt{34}}\vec{j} - \left(\frac{210}{\sqrt{34}} + \frac{30}{\sqrt{2}}\right)\vec{k}$$

（二）計算對 O 點的合力矩向量 $\overline{M}_{RO}$

　　1. $\overline{F}_1$ 對 O 點的力矩 $\overline{M}_{F1}$

　　　　（1）$\vec{r}_{OE} = 300\vec{i}$

　　　　（2）$\overline{M}_{F1} = \vec{r}_{OE} \times \overline{F}_1 = \left(300\vec{i}\right) \times \left(\dfrac{210}{\sqrt{34}}\vec{i} - \dfrac{280}{\sqrt{34}}\vec{j} - \dfrac{210}{\sqrt{34}}\vec{k}\right) = \dfrac{63000}{\sqrt{34}}\vec{j} - \dfrac{84000}{\sqrt{34}}\vec{k}$

　　2. $\overline{F}_2$ 對 O 點的力矩 $\overline{M}_{F2} = 0$

　　3. $\overline{M}_{RO} = \overline{M}_{F1} + \overline{M}_{F2} = \dfrac{63000}{\sqrt{34}}\vec{j} - \dfrac{84000}{\sqrt{34}}\vec{k}$

一、「施工計畫」是承包商針對工程之整體施工順序、主要施工方法、機具及施工管理等
　　所做的綜合性規劃。請依據你對於施工計畫之認知回答以下問題：
　　（一）說明「整體施工計畫」應至少包含那些內容（請列出五項）？（20分）
　　（二）「整體施工計畫」與「分項施工計畫」之提送時機各是什麼時間？（5分）

參考題解

（一）「整體施工計畫」至少包含內容：

　　　依公共工程委員會「建築工程施工計畫書製作綱要手冊」中，製作整體施工計畫製作
　　　應注意事項第一項規定：

　　　整體施工計畫製作內容，除主管機關、主辦機關或監造單位另有規定外，應包括工程
　　　概述、開工前置作業、施工作業管理、整合性進度管理、假設工程計畫、測量計畫、
　　　分項工程施工管理計畫、設施工程施工管理計畫、勞工安全衛生管理計畫、緊急應變
　　　及防災計畫、環境保護執行與溝通計畫、施工交通維持及安全管制措施及驗收移交管
　　　理計畫，合計十三章，惟若工程規模未達查核金額，則可視各案工程需要適當調整縮
　　　減計畫內容，但至少需撰寫下列章節，惟分項施工計畫章節不可縮減，但內容得視工
　　　程特性調整。

　　　「整體施工計畫」至少包含內容，分述於下：

　　1. 工程概述
　　　　（1）工程概要
　　　　（2）主要施工項目及數量
　　2. 施工作業管理
　　　　（1）工地組織
　　　　（2）主要施工機具及設備
　　　　（3）整體施工程序
　　　　（4）工務管理
　　3. 進度管理
　　　　（1）施工預定進度
　　　　（2）進度控管

4. 勞工安全衛生管理計畫

　　（1）勞工安全衛生組織及協議

　　（2）教育訓練

　　（3）管理目標

5. 緊急應變及防災計畫

　　（1）緊急應變組織

　　（2）緊急應變連絡系統

　　（3）災害風險評估與防災對策

　　*註：本題亦可依「橋梁工程施工計畫書製作綱要手冊」內容作答。

（二）「整體施工計畫」與「分項施工計畫」之提送時機：

1. 整體施工計畫：應依契約規定提報。

2. 分項施工計畫：得於各分項工程施工前提報，「公共工程施工品質管理作業要點」規定之「分項品質計畫」則得併入分項施工計畫內一併檢討。

二、試依據箭線圖要徑法（ADM）之計算原理，完成以下網圖計算。網圖資訊：作業 A 之作業需時（Duration）為 12，作業 B 之作業需時為 6，作業 C 之作業需時為 17；節點 10 之最早事件時間（EET）為 5，節點 30 之最晚事件時間（LET）為 24。請列出計算式，求取以下時間：

（一）依序求取節點 20 之最早事件時間（EET_{20}）、節點 30 之最早事件時間（EET_{30}）、節點 20 之最晚事件時間（LET_{20}）及節點 10 之最晚事件時間（LET_{10}）。（8 分）

（二）各作業之總浮時（TF_a、TF_b、TF_c）及自由浮時（FF_a、FF_b、FF_c）為何？（12 分）

（三）要徑包含那些作業？（5 分）

符號說明　　　　　　　　　　　　　網圖計算

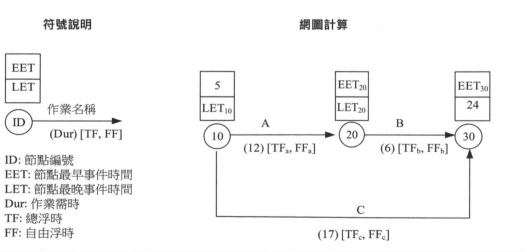

ID: 節點編號
EET: 節點最早事件時間
LET: 節點最晚事件時間
Dur: 作業需時
TF: 總浮時
FF: 自由浮時

參考題解

網圖計算結果如下：

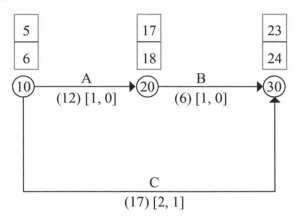

（一）EET_{20}、EET_{30}、LET_{20} 及 LET_{10}

1. 節點 20 之最早事件時間 (EET_{20}) = 17

2. 節點 30 之最早事件時間 (EET_{30}) = 23

3. 節點 20 之最晚事件時間 (LET_{20}) = 18

4. 節點 10 之最晚事件時間 (LET_{10}) = 6

（二）各作業之總浮時及自由浮時

1. 各作業總浮時：

（1）$TF_a = 1$、（2）$TF_b = 1$、（3）$TF_c = 2$

2. 各作業自由浮時：

（1）$FF_a = 0$、（2）$FF_b = 0$、（3）$FF_c = 1$

（三）要徑

因最短完工工期<契約工期（指定工期），要徑為最長路徑。

要徑 ⇨ A → B

三、混凝土為土木、建築工程最常見的工程材料，假設某工程混凝土的設計強度要求為 210 kgf/cm²，請回答以下問題：

（一）請詳述如何取樣並檢驗工程混凝土試體的合格強度（包括試體樣本的取樣時機、數量、強度檢測以及誤差要求）？（15 分）

（二）混凝土出現析離和泌水現象之主要原因為何？應該如何進行改善？（10 分）

參考題解

（一）混凝土強度試體取樣與檢驗

1. 取樣時機：

（1）應於混凝土澆置點依規定之試驗頻率，隨機指定取樣。

（2）監造者認為有需要時得另於特定位置增加取樣。

2. 取樣數量：

（1）每組試體數量：

①結構混凝土施工規範：

除另有規定者外，混凝土強度試驗每一組應以 2 個以上試體，於 28 天齡期時抗壓強度之平均值為該組試驗結果。若監造者認為有需要時，每一組可多做試體於較早或較晚齡期進行抗壓試驗，以供參考。

②施工綱要規範（第 03050 章與第 03310 章）：

A. 混凝土試體於同一攪拌車取樣 2 個以上為 1 組，該組試體之平均抗壓強度即為該組之抗壓強度。如其中一試體強度有偏低疑慮時，應依 CNS 3090 之規定判別及處理。

B. 如需預測 28 天抗壓強度，得於第 7 天取一個試體做 7 天抗壓強度試驗作為參考。

（2）取樣頻率：

①結構混凝土施工規範：

A. 每 100 m³ 或 450 m² 至少一組。

B. 每天至少一組。

C. 餘數超過 25 m³ 或 100 m² 應增加一組。

D. 每種配比混凝土至少取樣五次（拌合批次少於五次，每批皆取樣）。

E. 少於 40 m³ 有資料證明文件，可徵得監造者同意免作強度試驗。

②施工綱要規範（第 03050 章）：

A. 每 120 m³ 或 450 m² 至少一組。

       B. 每天至少一組。

       C. 餘數超過 40 m³ 或 100 m² 應增加一組。

       D. 每種配比混凝土至少取樣五次（拌合批次少於五次，每批皆取樣）。

       E. 少於 40 m³ 有資料證明文件，可徵得監造者同意免作強度試驗。

3. 強度檢測：

依 CNS 1231「工地混凝土試體製作及養護法」製作及養護試體（以圓柱試體最常用），並於規定齡期依 CNS 1232「混凝土圓柱試體抗壓強度試驗法」實施強度檢測，分述於下：

（1）試體尺寸：

除非另有規定，作為規範需求強度的驗收條件時，應使用試體尺寸為 150 mm × 300 mm 者，工程契約圖說有規定者，可使用 100 mm × 200 mm 者。

（2）試體製作：

適度均勻搗實，硬固後垂直度偏差 ≤ 0.5°，搗實規定說明於下：

①坍度≧25 mm 採用內部振動法或搗棒搗實法。

②坍度＜25 mm 採用內部振動法。

內部振動法分兩層，直徑 150 mm 試體每層插入 2 點，直徑 100 mm 試體每層插入 1 點次。搗棒搗實法直徑 150 mm 試體分三層，直徑 100 mm 試體分兩層，每層各搗實 25 次。

（3）試體養護：

①初期養護：

試體製作及修飾完成後，儲存於 16～27℃ 且可防止試體水分散失之環境中 48 小時。

②後期養護：

置於 23 ± 2℃ 飽和氫氧化鈣水溶液中至試驗前 3 小時。

（4）抗壓試驗：

試體蓋平並保持溼潤，加壓時壓力應連續增加，加壓速率 1.5～3.5 kgf/cm²/sec。

4. 誤差要求：

（1）合格要求：

除非契約另有規定，每種混凝土之全部 28 天齡期抗壓強度 (fc′)，試驗結果須滿足下列規定方為合格：

①任何連續 3 組強度試驗結果之平均值不得小於規定強度 fc′。

②任何一組強度試驗之結果不得低於 fc′-35 kgf/cm²。

（2）不符合規定發生機率：

配比目標強度 (fcr′)計算時，不符合上述規定發生機率採用 1/100。

*註：取樣數量可任擇「結構混凝土施工規範」或「施工鋼要規範」其中一者之規定作答。

（二）混凝土析離和泌水現象主要原因與改善

1. 析離現象：

（1）主要原因：

①施工時擅自加水。

②配比漿體量過高（單位用水量過高）。

③運送距離過長。

④落距過大，未採取防止措施。

⑤過度或不當搗實。

（2）改善方法：

①合宜配比—適量漿量與工作性。

②減少澆置時之運距與落距，過大落距採擋板或袋口輔助。

③深度大構材，上層採降低混凝土坍度策略。

④適當搗實作業。

2. 泌水現象：

（1）主要原因：

①漿體粘性過低。

②配比漿體量過高（單位用水量過高）。

③骨材級配不佳或粒形不良。

④施工時擅自加水。

（2）改善方法：

①適當之材料：

A. 使用細度較高之水泥。

B. 摻用輸氣劑或使用輸氣水泥。

C. 採用級配正確、粒形良好之骨材。

②合宜配比：

A. 降低單位用水量。

B. 使用減水劑，並採用減水之配比策略。

C. 避免過高水灰比或水膠比。

D.深度大構材，上層採降低混凝土坍度策略。

③施工補救作業：

泌水結束初凝前，以二次振動搗實與粉平處理。

四、擋土支撐工法為地下工程中之重要技術，請回答以下問題：

（一）試列表說明鋼板樁、鋼軌樁（主樁橫板條）、地下連續壁等三種常見地下擋土支撐工法之成本需求與適用之工程條件。（15 分）

（二）擋土支撐設置後在開挖進行中，發現開挖面發生隆起現象，此時應如何處置？（10 分）

參考題解

（一）鋼板樁、鋼軌樁（主樁橫板條）與地下連續壁工法比較

<table>
<tr><td colspan="2">項　目</td><td>鋼板樁工法</td><td>鋼軌樁
（主樁橫板條）工法</td><td>地下連續壁工法</td></tr>
<tr><td rowspan="4">成本需求</td><td>機具費</td><td>中（打樁機，全壁體打設與拔除）</td><td>低（打樁機，主樁打設與拔除）</td><td>高（專用槽溝開挖機具與吊車）</td></tr>
<tr><td>材料費</td><td>中（鋼板樁租金）</td><td>低（主樁租金與橫板條（木板）費用）</td><td>高（穩定液、壁體鋼筋、混凝土與隔板等費用）</td></tr>
<tr><td>勞務費</td><td>低</td><td>中</td><td>高</td></tr>
<tr><td>總成本</td><td>中</td><td>低</td><td>高</td></tr>
<tr><td rowspan="8">工程條件</td><td>振動管制</td><td>無管制</td><td>無管制</td><td>有無管制皆可</td></tr>
<tr><td>噪音管制</td><td>無管制</td><td>無管制</td><td>有無管制皆可</td></tr>
<tr><td>地下水位</td><td>止水性佳，地下水位高低皆可施工。</td><td>止水性差，地下水位高者不易施工。</td><td>止水性佳，地下水位高低皆可施工。</td></tr>
<tr><td>開挖深度</td><td>中等</td><td>較淺</td><td>較深</td></tr>
<tr><td>地質特性</td><td>適合較軟地層，卵礫石地層與岩盤無法施工。</td><td>軟硬地層均可，卵礫石地層需改用特殊工法（鋼骨劈礫工法），岩盤無法施工。</td><td>軟硬地層均可，卵礫石地層受尺寸限制，岩盤需先預鑽施作。</td></tr>
<tr><td>作業腹地要求</td><td>較小</td><td>較小</td><td>較大</td></tr>
<tr><td>技術工人需求</td><td>類型與總工數少</td><td>類型與總工數少</td><td>類型與總工數多</td></tr>
</table>

（二）開挖面隆起處置方法

  1. 局部隆起：

   （1）針對有挫屈現象之支撐系統進行補強。

   （2）分區開挖方式進行開挖，保留部分區內之土壤，以穩定開挖面。

   （3）儘可能除去地基四周地表荷重，必要時挖除部分地表土壤，至基礎施工完成後，再進行回填。

  2. 全面隆起：

   （1）必要時先緊急灌水。

   （2）緊急回填級配砂石料。

一、計算並畫出下圖簡支梁的剪力圖及彎矩圖。A 點為鉸支承，C 點為滾支承。應詳列解答
　　過程，否則不計分。（25 分）

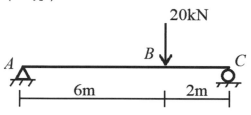

參考題解

（一）計算支承反力

1.　$\sum M_C = 0$ ，$R_A \times 8 = 20 \times 2$ ∴ $R_A = 5kN$ （↑）

2.　$\sum F_y = 0$ ，$\cancel{R_A}^{5} + R_C = 20$ ∴ $R_C = 15kN$ （↑）

（二）繪製剪力彎矩圖如下

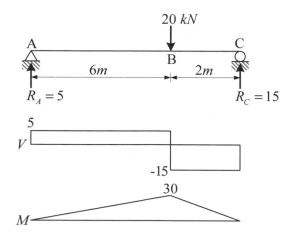

二、請以單位力法計算下圖梁 A 點轉角 θ_A。EI ＝常數，E 為彈性模數、I 為慣性矩。以其它方法求解一律不予計分。須詳列解答過程。（25 分）

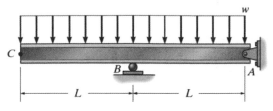

參考題解

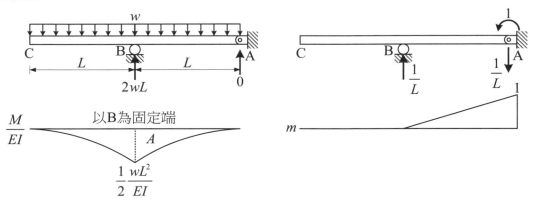

（一）繪製梁以 B 為固定端，受外力的 $\dfrac{M}{EI}$ 圖（上圖左）

（二）於 A 點施加一單位力矩，繪製 m 圖（上圖右）

（三）以單位力法計算 A 點旋轉角 θ_A

1. $A = -\dfrac{1}{3} \times \dfrac{1}{2} \dfrac{wL^2}{EI} \times L = -\dfrac{1}{6} \dfrac{wL^3}{EI}$　　　　$y = \dfrac{1}{4} \times 1 = \dfrac{1}{4}$

2. $1 \cdot \theta_A = \int m \dfrac{M}{EI} dx = Ay = \left(-\dfrac{1}{6} \dfrac{wL^3}{EI} \right)\left(\dfrac{1}{4} \right) = -\dfrac{1}{24} \dfrac{wL^3}{EI}$

   $\therefore \theta_A = \dfrac{1}{24} \dfrac{wL^3}{EI} \; (\curvearrowright)$

三、一簡支梁受均佈載重如下圖所示。試繪製圖形並輔以文字說明，此梁可能的撓曲和剪力裂縫走向和分布；又梁抗剪力之臨界斷面與梁如何傳力到其支承有密切關係，試問此梁抗剪之臨界斷面位置依規範可計於何處？那些部分範圍的載重可以不需要剪力鋼筋而直接傳遞到支承？請一併標示與說明。（25 分）

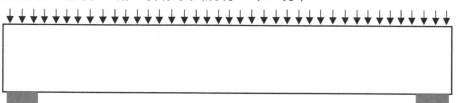

參考題解

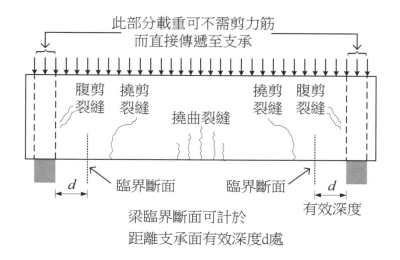

此部分載重可不需剪力筋而直接傳遞至支承

腹剪裂縫　撓剪裂縫　撓曲裂縫　撓剪裂縫　腹剪裂縫

臨界斷面　　臨界斷面

d　　　　　　　　　　　　d

有效深度

梁臨界斷面可計於
距離支承面有效深度d處

四、如下圖一單筋矩形鋼筋混凝土梁，斷面寬 b，受拉鋼筋重心有效深度為 d，而最外緣受拉鋼筋之深度為 d_t，鋼筋規定降伏強度為 f_y，混凝土設計抗壓強度為 f'_c。試由應變一致性（平面維持平面之比例三角形）和力平衡關係，推導一單筋矩形梁之鋼筋比 $\rho = ?$ 使梁抗彎斷面壓力側最外緣混凝土應變達 0.003 時，中性軸深度為 c，壓力區應力塊深度為 $\beta_1 c$，而且最外緣受拉鋼筋之應變 ε_t 恰等於 $\varepsilon_y + 0.003$，其中 ε_y 為鋼筋降伏應變。答案以前述使用之符號及數字表示，不包含中性軸深度 c。（25 分）

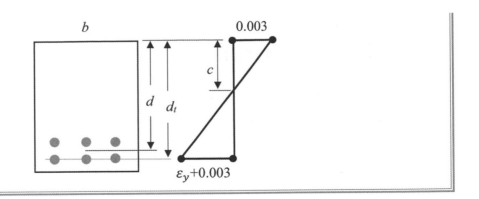

參考題解

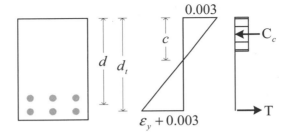

（一）應變圖的比例關係

$$\frac{c}{0.003} = \frac{d_t - c}{\varepsilon_y + 0.003} \Rightarrow c\left(\varepsilon_{ty} + 0.003\right) = 0.003\left(d_t - c\right)$$

$$\Rightarrow c = \frac{0.003}{\varepsilon_y + 0.006} d_t \xrightarrow{\text{同乘} E_s} c = \frac{6120}{f_y + 12240} d_t$$

（二）應力圖的平衡關係

$$C_c = T \Rightarrow 0.85 f_c' b \beta_1 c = A_s f_y \Rightarrow 0.85 f_c' b \beta_1 \left(\frac{6120}{f_y + 12240} d_t\right) = A_s f_y$$

$$\Rightarrow A_s = 0.85 \frac{f_c'}{f_y} b \beta_1 \left(\frac{6120}{f_y + 12240} d_t\right)$$

$$\therefore \rho = \frac{A_s}{bd} = 0.85 \frac{f_c'}{f_y} \beta_1 \left(\frac{6120}{f_y + 12240}\right) \frac{d_t}{d}$$

112年 **特種考試地方政府公務人員考試試題／測量學概要**

一、擬採用全測站儀完成放樣任務。已知如下圖所示三點 A、B、C 坐標（E,N），分別如
下所示：

(EA, NA) = (304232.000, 2770519.000)

(EB, NB) = (304332.020, 2770692.321)

(EC, NC) = (304332.000, 2770519.000)

坐標值單位均為 m。請計算 $\overline{AC}$ 距離為何？$\overline{AB}$ 與 $\overline{AC}$
方向之方位角分別為何？由 $\overline{AB}$ 方向順時針計算之夾角
∠BAC 為何？若已知 $\overline{AB}$ 在全測站度盤上的方向值為
359°59'20"，則 $\overline{AC}$ 在全測站度盤顯示幕上的方向讀數應該為何？（35 分）

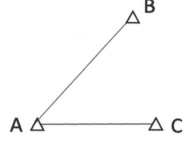

參考題解

（一）$\overline{AC} = \sqrt{(304332.000 - 304232.000)^2 + (2770519.000 - 2770519.000)^2} = 100.000\ m$

（二）$\overline{AB}$ 方位角 $\phi_{AB} = \tan^{-1} \dfrac{304332.020 - 304232.000}{2770692.321 - 2770519.000} = 29°59'18''$

$\overline{AC}$ 方位角 $\phi_{AC} = \tan^{-1} \dfrac{304332.000 - 304232.000}{2770519.000 - 2770519.000} = \tan^{-1} \dfrac{+100.000}{0.000} 90°00'00''$

（三）$\angle BAC = \phi_{AC} - \phi_{AB} = 90°00'00'' - 29°59'18'' = 60°00'42''$

（四）$\overline{AC}$ 在全測站度盤顯示幕上的方向讀數應為 $359°59'20'' + 60°00'42'' - 360° = 60°00'02''$

二、已知 D、E 兩點間水準測量如下表所示：

點位	後視	前視	高程差	改正數	改正後高程差	高程值
D	1.553					5.284
TP1	1.468	1.296				
TP2	1.542	1.283				
TP3	1.667	1.811				
TP4	1.419	1.425				
E	1.523	1.503				
TP5	1.479	1.469				
TP6	1.583	1.675				
TP7	1.486	1.251				
TP8	1.389	1.706				
D		1.693				5.284

每個測站間兩尺距離均為 100 m，請問上表之 DE 測線水準測量成果閉合差為何？是否符合 $7\sqrt{K}$ mm 以內的閉合差標準？並請分配閉合差，於試卷上依照上表格式，填寫完成所有空白格，已知 D 點高程為 5.284 m，並標示 E 點高程為何？（25 分）

參考題解

（一）此為閉合水準測量，從 D 點出發經 E 點再回到 D 點。表格計算如下：

點位	後視	前視	高程差	改正數	改正後高程差	高程值
D	1.553					5.284
			+0.257	+0.0003	+0.2573	
TP1	1.468	1.296				5.541
			+0.185	+0.0003	+0.1853	
TP2	1.542	1.283				5.727
			-0.269	+0.0003	-0.2687	
TP3	1.667	1.811				5.458
			+0.242	+0.0003	+0.2423	
TP4	1.419	1.425				5.700
			-0.084	+0.0003	-0.0837	
E	1.523	1.503				**5.617**
			+0.054	+0.0003	+0.0543	
TP5	1.479	1.469				5.671
			-0.196	+0.0003	-0.1957	
TP6	1.583	1.675				5.475
			+0.332	+0.0003	+0.3323	
TP7	1.486	1.251				5.807
			-0.220	+0.0003	-0.2197	
TP8	1.389	1.706				5.588
			-0.304	+0.0003	-0.3037	
D		1.693				5.284

根據上表計算得：閉合差 $\varepsilon =$ [高程差] $= -0.003\ m = -3\ mm$

因本表格是對高程差進行改正，又各測站間兩尺距離均相等，故可以採平均分配方式

進行高程差改正，各高程差改正值均為 $-\dfrac{-0.003}{10} = +0.0003\ m$。

（二）共有 10 個測站，每個測站間兩尺距離均為 100 m，故測線長 $K = 10 \times 100 = 1000m = 1\ km$
因 $3mm < 7\sqrt{1} = 7mm$，故符合閉合差標準。

（三）根據上表計算得 E 點高程值為 $5.617\ m$。

三、以下文字取材自內政部國土測繪中心 e-GNSS 即時動態定位系統入口網站。請閱讀之後，比較 GNSS 與 GPS 的異同？說明何謂 RTK？何謂整週波未定值（Ambiguity）？以及 e-GNSS 即時動態定位系統的原理為何？（20 分）

VBS-RTK 即時動態定位技術是 e-GNSS 即時動態定位系統之核心定位技術。其係採用多個衛星定位基準站所組成的 GNSS 網絡來評估基準站涵蓋地區之定位誤差，再配合最鄰近的實體基準站觀測資料，產製一個虛擬的基準站做為 RTK 主站，所以移動站並不是接收某個實體基準站之實際觀測資料，而是經過誤差修正後的虛擬觀測數據，也就是 RTK 主站是經過人為產製的虛擬化基準站，其意義如同在移動站附近架設實體的基準站一樣，故被稱之為虛擬基準站即時動態定位技術，簡稱 VBS-RTK。

相較於於傳統單主站式 RTK 即時動態定位技術之最大瓶頸，在於主站系統誤差改正參數之有效作用距離，因 GNSS 定位誤差的空間相關性會隨著基準站與移動站距離的增加而逐漸失去線型誤差模型的有效性，因此在較長距離的情況下（一般大於 10 公里），經過差分計算處理後之觀測數據仍然含有很大的系統誤差，尤其是電離層的殘餘誤差，將導致整週波未定值（Ambiguity）求解的困難，甚至無法求解，以致於造成定位成果不佳。故為克服單主站式 RTK 定位技術的缺陷，利用虛擬基準站即時動態定位技術求解區域性 GNSS 多基準站網絡誤差模型如對流層、電離層及軌道誤差等，將可有效增加傳統單主站 RTK 定位之作業範圍，亦即採用多個衛星定位基準站所組成的 GNSS 網絡來評估衛星定位基準站涵蓋地區的 GNSS 定位誤差，並配合最鄰近的實體基準站觀測資料，建構一個虛擬基準站（Virtual Base Station, VBS）做為 RTK 主站使用，此時該虛擬基準站的觀測數據將會與移動站衛星定位接收儀實際接收的觀測數據及誤差模型具有極高的相關性，當再進行 RTK 差分計算處理後，系統誤差即可徹底消除，使用者當然可以快速且方便地獲得高精度、高可靠度及高可用性之即時動態定位成果。

參考題解

（一）GNSS 與 GPS 的異同如下表：

比較	GNSS	GPS
相同點	1. 整個導航系統架構均包含了：空間星座部份、地面監控部份和使用者部份。 2. 定位原理均是利用觀測多顆衛星至接收儀的空間距離，再以交會定位方式計算獲得地面點位的空間位置。 3. 均可採用電碼和載波相位二種方式獲得衛星至接收儀的空間距離。 4. 均可實施單點定位和相對定位。	

比較	GNSS	GPS
相異點	1. GNSS 是包含下列系統的統稱： （1）GPS（美國全球導航系統） （2）GLONASS（俄羅斯全球導航系統） （3）Galileo（歐盟全球導航系統） （4）COMPASS（中國全球導航系統） （5）各國區域導航系統 （6）各國增強系統（WAAS） 2. GPS 之外其他系統的衛星數量、軌道設計和採用的訊號波段皆與 GPS 不同。	僅代表美國的全球導航系統

（二）RTK 是利用載波相位進行即時差分的 GNSS 定位技術，由基準站、移動站和無線電通訊設備組成，如下圖。RTK 定位原理是安置於已知點的基準站接收到衛星載波相位觀測量後，立刻透過無線電設備傳送給安置於未知點的移動站，移動站在整合基準站傳送的載波相位觀測量和自己接收的載波相位觀測量後，便可進行相對定位計算得到基準站和移動站之間的空間向量，再依據基準站已知空間坐標便可獲得移動站的空間坐標。

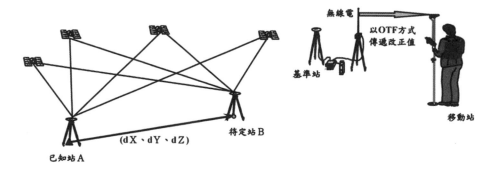

（三）載波相位定位是根據各衛星的載波訊號從發射到接收之間的相位變化量獲得各衛星到接收儀之間的空間距離，再利用多顆衛星到接收儀的空間距離決定出接收儀的空間位置。

實際上，GNSS 的載波相位定位過程可以分解如下：

1. 初次接收到衛星訊號瞬間（t_0 時刻）的相位變化量：$\Phi_R^S(t_0) = N_0 + \Delta\phi_0$

2. 持續追蹤衛星訊號過程中（t_i 時刻）的相位變化量：$\Phi_R^S(t_i) = N_0 + Int(\phi_i) + \Delta\phi_i$

Φ_R^S 為相位變化量，在初次接收到衛星訊號瞬間接收儀僅能得知相位差 $\Delta\phi_0$，無法得知整周波數 N_0。在持續追蹤過程中，接收儀會得知任何時刻的相位累積變化量 $Int(\phi_i)$ 和 $\Delta\phi_i$，但 N_0 仍會以未知常數存在。因此，只要能解算出 N_0 便能完成定位工作，故稱 N_0 為週波未定值。一般可以用數學方式解算出 N_0。

（四）e-GNSS 的定位原理如下：

    1. 建立多個 GNSS 基準站組成網絡及控制及計算中心（以下簡稱控制中心），並利用基準站網絡評估基準站涵蓋地區之定位誤差和區域性系統誤差模型。

    2. 使用者將移動站的導航解位置及接收的衛星資料透過無線網路傳送給控制中心。

    3. 控制中心根據移動站的導航解位置配合最鄰近的實體基準站觀測資料及區域性系統誤差模型，會即時產製一個虛擬的基準站作為 RTK 主站，同時組成虛擬基準站的虛擬觀測資料。

    4. 控制中心整合虛擬基準站和移動站的觀測資料進行「超短基線」RTK 定位解算。

    5. 最後控制中心將移動站的定位解算成果透過無線網路傳送給移動站。

四、一段平坦地距離以銦鋼尺施測 10 次，得到下列觀測值：10.105、10.106、10.107、10.104、10.104、10.106、10.105、11.105、10.103、10.105，單位均為 m。請計算其最或是值、觀測值標準差以及最或是值標準差。（20 分）

參考題解

（一）計算最或是值 L

    因 11.105 m 為明顯錯誤觀測量，故直接剔除。

$$L = 10.100 + \frac{0.005 + 0.006 + 0.007 + 0.004 + 0.004 + 0.006 + 0.005 + 0.003 + 0.005}{9} = 10.105 \ m$$

（二）計算觀測值標準差 σ_0

$$V_1 = 10.005 - 10.005 = 0.000 \ m \qquad , \qquad V_2 = 10.005 - 10.006 = -0.001 \ m$$

$$V_3 = 10.005 - 10.007 = -0.002 \ m \qquad , \qquad V_4 = 10.005 - 10.004 = +0.001 \ m$$

$$V_5 = 10.005 - 10.004 = +0.001 \ m \qquad , \qquad V_6 = 10.005 - 10.006 = -0.001 \ m$$

$$V_7 = 10.005 - 10.005 = 0.000 \ m \qquad , \qquad V_8 = 10.005 - 10.003 = +0.002 \ m$$

$$V_9 = 10.005 - 10.005 = 0.000 \ m$$

$$[VV] = 0^2 + (-0.001)^2 + (-0.002)^2 + 0.001^2 + 0.001^2 + (-0.001)^2 + 0^2 + 0.002^2 + 0^2$$

$$= 0.000012 \ m^2$$

$$\sigma_0 = \pm\sqrt{\frac{0.000012}{9-1}} = \pm 0.0012 \approx \pm 0.001 \ m$$

（三）計算最或是值標準差 σ_L

$$\sigma_L = \pm\frac{\sigma_0}{\sqrt{9}} = \pm 0.0004 \ m \approx \pm 0.000 \ m$$

司法特考三等
檢察事務官

112年 公務人員特種考試司法人員考試試題／
結構設計（包括鋼筋混凝土設計與鋼結構設計）

※「鋼筋混凝土設計」作答依據及規範：內政部營建署「混凝土結構設計規範」（內政部 110.3.2 台內營字第 1100801841 號令）。未依上述規範作答，不予計分。請勿用土木 401-110 答題。

一、一單筋矩形梁寬 $b = 25\ \text{cm}$，有效深度 $d = 50\ \text{cm}$，拉力鋼筋量 $A_s = 56.1\ \text{cm}^2$，混凝土抗壓強度 $f'_c = 280\ \text{kgf/cm}^2$，鋼筋降伏強度 $f_y = 3500\ \text{kgf/cm}^2$，箍筋為橫箍筋，不考慮最大及最小鋼筋量，求該梁設計彎矩強度 ϕM_n。解題過程所需之各參數均須詳列計算式，先寫出計算公式再代入數值，否則不計分。（25 分）

參考題解

假設拉力鋼筋不降伏，中性軸深度為 c

$$\left(\varepsilon_y = \frac{f_y}{E_s} = \frac{3500}{2.04 \times 10^6} = 0.00172\right)$$

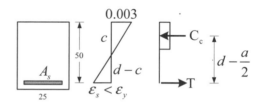

（一）壓力區：$C_c = 0.85 f'_c ba = 0.85(280)(25)(0.85c) = 5057.5c$

（二）拉力區：

$$f_s = E_s \varepsilon_s = E_s\left(\frac{d-c}{c} \times 0.003\right) = 2.04 \times 10^6\left(\frac{50-c}{c} \times 0.003\right) = 6120\left(\frac{50-c}{c}\right)$$

$$T = A_s f_s = 56.1 \times 6120\left(\frac{50-c}{c}\right) = 343332\left(\frac{50-c}{c}\right)$$

（三）拉力區 = 壓力區 $\Rightarrow C_c = T \Rightarrow 5057.5c = 343332\left(\frac{50-c}{c}\right)$

$$\Rightarrow c^2 + 67.89c - 3394 = 0 \therefore c = 33.48\text{cm} \cdot -101.37\text{cm}（不合）$$

$$\varepsilon_s = \frac{50 - \cancel{c}^{33.48}}{\cancel{c}^{33.48}}(0.003) = 0.00148 < \varepsilon_y = 0.00172\ (OK)$$

（四）計算 M_n：以拉力筋為力矩中心

　1.　$C_c = 5057.5 \cancel{c}^{33.48} = 169325\ kgf \approx 169.33\ tf$

2. $M_n = C_c \left(d - \dfrac{a}{2} \right) = 169.33 \left(50 - \dfrac{0.85 \times 33.48}{2} \right) = 6057 \; tf - cm \approx 60.57 \; tf - m$

（五）ϕM_n：拉力筋未降伏 $\Rightarrow \phi = 0.65$

$\phi M_n = 0.65(60.57) = 39.37 \; tf - m$

二、一懸臂單筋矩形梁寬 $b = 30$ cm，有效深度 $d = 40$ cm，常重混凝土抗壓強度 $f'_c = 280$ kgf/cm²，鋼筋降伏強度 $f_y = 4200$ kgf/cm²，主筋為#8（直徑 2.54 cm），主筋之間的淨間距為 6 cm，主筋的淨保護層厚度為 4 cm，箍筋為橫箍筋且全梁皆為#4@15 cm，鋼筋未塗布環氧樹脂，求該主筋伸展長度（l_d）。解題過程所需之各參數均須詳列計算式或說明採用原因，先寫出計算公式再代入數值，否則不計分。（25 分）

參考資料及公式：請自行選擇適合的公式，並檢查其正確性，若有問題應自行修正。

	D19 或較小之鋼筋及麻面鋼線	D22 或較大之鋼筋
(1)鋼筋之最小淨保護層厚不小於 d_b，且 (a)鋼筋最小淨間距不小於 $2d_b$ 者，或 (b)鋼筋最小淨間距不小於 d_b 且配置於伸展長度 l_d 範圍內之橫向鋼筋符合…規定	$\left[\dfrac{0.15 f_y \psi_t \psi_e \lambda}{\sqrt{f'_c}} \right] d_b$	$\left[\dfrac{0.19 f_y \psi_t \psi_e \lambda}{\sqrt{f'_c}} \right] d_b$
(2)其他	$\left[\dfrac{0.23 f_y \psi_t \psi_e \lambda}{\sqrt{f'_c}} \right] d_b$	$\left[\dfrac{0.28 f_y \psi_t \psi_e \lambda}{\sqrt{f'_c}} \right] d_b$

參考題解

（一）公式選用

1. 淨保護層厚度 $4 \; cm \geq d_b = 2.54 \; cm$

2. 鋼筋淨間距 $6 \; cm \geq 2d_b = 5.08 \; cm$

3. D25 鋼筋 $\Rightarrow$ 大於 D22 的鋼筋

$$L_d = 0.19 \frac{f_y}{\sqrt{f'_c}} \psi_t \psi_e \lambda d_b$$

（二）公式參數

1. 為頂層鋼筋（水平鋼筋下方混凝土厚度 $40 - \dfrac{2.54}{2} > 30 \; cm$）$\Rightarrow \psi_t = 1.3$

2. 未塗佈環氧樹脂 $\Rightarrow \psi_e = 1$

3. 常重混凝土 $\Rightarrow \lambda = 1$

（三）$L_d = 0.19 \dfrac{f_y}{\sqrt{f_c'}} \psi_t \psi_e \lambda d_b = 0.19 \dfrac{4200}{\sqrt{280}}(1.3)(1)(1)(2.54) = 157.47\ cm$

三、一同時有雙向偏心且斷面為 $30\ cm \times 50\ cm$ 之短柱，已知主筋量為 $25.8\ cm^2$，混凝土抗壓強度 $f_c' = 280\ kgf/cm^2$，鋼筋降伏強度 $f_y = 4200\ kgf/cm^2$，箍筋為橫箍筋，在僅 x 向有偏心時的標稱軸壓強度為 $263.0\ tf$，在僅 y 向有偏心時的標稱軸壓強度為 $91.0\ tf$，以載重倒數法求此雙彎曲柱之標稱軸壓強度（P_n）。解題過程所需之各參數均須詳列計算式，先寫出計算公式再代入數值，否則不計分。（25 分）

參考題解

（一）無偏心載重

$$P_0 = 0.85 f_c' f A_g + A_{st}\left(f_y - 0.85 f_c'\right)$$

$$= 0.85 \times 280 \times (30 \times 50) + 25.8(4200 - 0.85 \times 280)$$

$$= 459220\ kgf \approx 459.22\ tf$$

（二）載重倒數法計算 P_n

$$\frac{1}{P_n} = \frac{1}{P_{nx}} + \frac{1}{P_{ny}} - \frac{1}{P_0} \Rightarrow \frac{1}{P_n} = \frac{1}{263} + \frac{1}{91} - \frac{1}{459.22} = 0.01261$$

$$\therefore P_n = 79.3\ tf$$

四、長 7.8 m 受軸向壓力鋼柱，柱底為固接，柱頂為鉸接，在柱高 4 m 處弱軸有側向支撐。柱斷面為 H400 × 400 × 13 × 21，斷面性質 $A_g = 218.7 \text{ cm}^2$、$r_x = 17.45 \text{ cm}$、$r_y = 10.12 \text{ cm}$，鋼材降伏應力 $F_y = 2.4 \text{ tf/cm}^2$、彈性模數 E = 2040 tf/cm^2。以載重強度係數設計法（LRFD）求該柱之設計壓力強度 $\phi_c P_n$。解題過程所需之各參數均須詳列計算式，先寫出計算公式再代入數值，否則不計分。（25 分）

參考資料及公式：請自行選擇適合的公式，並檢查其正確性，若有問題應自行修正。

$$P_n = \frac{0.877}{\lambda_c^2} F_y A_g \text{、} P_n = 0.658^{\lambda_c^2} F_y A_g \text{、} \lambda_c = \frac{KL}{r}\sqrt{\frac{F_y}{\pi^2 E}}$$

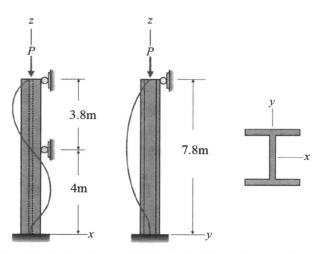

參考題解

LRFD → $\phi_c P_n$

H400 × 400 × 13 × 21　　　　　$L = 7.8$

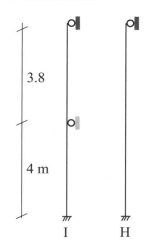

$A_g = 218.7 \text{ cm}^2$

$r_x = 17.45 \text{ cm}$

$r_y = 10.12$

$F_y = 2.4 \text{ tf/cm}^2$

E = 2040

壓力桿件基本題型

$$\lambda_f = \frac{b_f}{2t_f} = \frac{40}{2 \times 2.1} = 9.52 \leq \lambda_r = \frac{25}{\sqrt{f_y}} = 16.14$$

$$\lambda_w = \frac{h}{tw} = \frac{(40 - 2 \times 2.1)}{1.3} = 27.54 \leq \lambda_r = \frac{68}{\sqrt{f_y}} = 43.89$$

桿件斷面符合半結實

（一）$(\frac{KL}{r})_x = \frac{0.8 \times 780}{17.45} = 35.76$

$(\frac{KL}{r})_{y \perp} = \frac{1 \times 380}{10.12} = 37.55$; $(\frac{KL}{r})_{y \top} = \frac{0.8 \times 400}{10.12} = 31.62$

（二）$\lambda_c = \dfrac{(\dfrac{KL}{r})_{max}}{\sqrt{\dfrac{\pi^2 E}{F_y}}} = 0.41 \leq 1.5$　非彈性挫屈

（三）$\phi_c P_n = 0.85 \times 0.658^{\lambda c^2} F_y Ag = 415.84 \, tf \, \#$

112年 公務人員特種考試司法人員考試試題／結構分析（包括材料力學與結構學）

一、下圖為一個平面應力單元，其上受平面應力 σx、σy、σxy，各應力大小及方向如圖所示。試求最大剪應力、主應力與主應力面，並將此主應力面繪圖表示。（25 分）

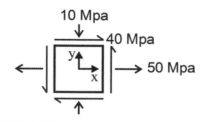

參考題解

（一）以莫耳圓計算 τ_{max}、σ_{P1}、σ_{P2}

1. 最大剪應力

$$\tau_{max} = R = \sqrt{30^2 + 40^2} = 50 \; MPa$$

2. 主應力

$$\sigma_{P1} = 20 + R = 70 \; MPa$$

$$\sigma_{P2} = 20 - R = -30 \; MPa$$

3. 主應力所在平面角度

$$\tan 2\theta_P = \frac{40}{30} \Rightarrow \theta_P = 26.57° \; (\curvearrowleft)$$

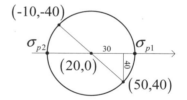

（二）主應力元素如下圖所示

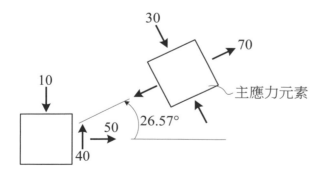

二、下圖為一剛架結構，A 點、D 點均為鉸支承，B 點為剛接，C 點為鉸接。柱 AB 具 EI 值，梁 BC 及柱 CD 為剛體（EI＝∞），柱 AB 與柱 CD 間距 L_b 長度甚大，梁 BC 上的剪力可以忽略。已知參考坐標為 A 點處之 xy 坐標，二垂直載重 P 分別施加在 B 點及 C 點，試求此剛架結構在挫屈時，柱 AB 挫屈載重之有效長度係數 K_{AB}。（沒有計算過程，一律不予計分。）（25 分）

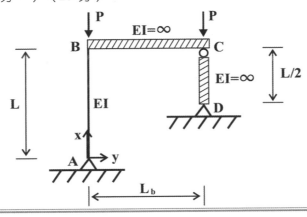

參考題解

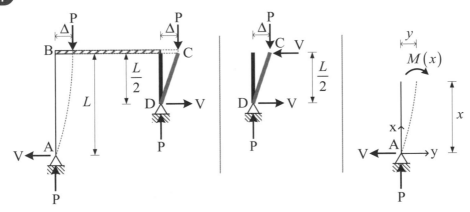

（一）CD 桿（上圖中）：$\sum M_C = 0$，$P \times \Delta = V \times \dfrac{L}{2}$ $\therefore V = 2P \cdot \dfrac{\Delta}{L}$

（二）AB 桿（上圖右）

   1. 彎矩函數：$M(x) = -Py - Vx = -Py - 2P \cdot \dfrac{\Delta}{L} x$

   2. $y'' = \dfrac{M(x)}{EI} \Rightarrow y'' = -\dfrac{Py}{EI} - 2\dfrac{P}{EI} \cdot \dfrac{\Delta}{L} x$

     $令 \lambda^2 = \dfrac{P}{EI} \Rightarrow y'' = -\lambda^2 y - 2\lambda^2 \cdot \dfrac{\Delta}{L} x \Rightarrow y'' + \lambda^2 y = -2\lambda^2 \cdot \dfrac{\Delta}{L} x$

3.
$$
\begin{cases}
y_h = A\cos\lambda x + B\sin\lambda x \\
y_P = -2\cdot\dfrac{\Delta}{L}x
\end{cases}
\Rightarrow y = A\cos\lambda x + B\sin\lambda x - 2\cdot\dfrac{\Delta}{L}x
$$

4. 代入邊界條件

（1） $y(0)=0 \Rightarrow A=0$

（2） $y'(L)=0 \Rightarrow \lambda\cdot B\cos\lambda L - 2\dfrac{\Delta}{L}=0 \Rightarrow \lambda\cos\lambda L\cdot B - \dfrac{2}{L}\Delta = 0 \dots\dots①$

（3） $y(L)=\Delta \Rightarrow B\sin\lambda L - 2\dfrac{\Delta}{L}\cdot L = \Delta \Rightarrow \sin\lambda L\cdot B - 3\Delta = 0 \dots\dots②$

（4） $\begin{vmatrix} \lambda\cos\lambda L & -\dfrac{2}{L} \\ \sin\lambda L & -3 \end{vmatrix} = 0 \Rightarrow -3\lambda\cos\lambda L + \dfrac{2}{L}\sin\lambda L = 0 \Rightarrow \tan\lambda L = 1.5\lambda L$ ☜特徵方程式

由試誤法可得 $\lambda L = 0.967 \Rightarrow \lambda = \dfrac{0.967}{L}$

（三）有效長度係數 K_{AB}

$$
\lambda^2 = \frac{P}{EI} \Rightarrow \left(\frac{0.967}{L}\right)^2 = \frac{P}{EI} \Rightarrow P = \frac{EI}{L^2}\times 0.967^2 = \frac{\pi^2 EI}{L^2}\times\frac{0.967^2}{\pi^2} = \frac{\pi^2 EI}{\left(\dfrac{\pi}{0.967}\times L\right)^2}
$$

$$
\therefore K_{AB} = \frac{\pi}{0.967} = 3.25
$$

三、下圖為一剛架結構，A 點及 D 點為固定端，B 點為鉸接；剛架尺寸配置及各桿件斷面之 EI 值如圖所示。若於 E 點施加垂直載重 P，忽略各桿件軸向變形，試用彎矩分配法求解 A 點及 D 點的端彎矩 M_{AB}、M_{DC} 之大小及方向，及 B 點垂直位移 Δ_B 之大小及方向。（本題以其他方法求解，一律不予計分。）（25 分）

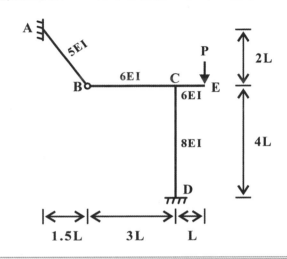

參考題解

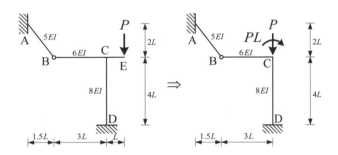

（一）外力造成之固端彎矩：無

（二）側移造成之固端彎矩：

1.　$k_{AB} : k_{BC} : k_{CD} = \dfrac{5EI}{2.5L} : \dfrac{6EI}{3L} : \dfrac{8EI}{4L} = 1:1:1$

2.　投影解法

$$\begin{cases} R_{AB} \times 1.5L + R_{BC} \times 3L = 0 \Rightarrow R_{AB} = -2R_{BC} \\ R_{AB} \times 2L + R_{CD} \times 4L = 0 \Rightarrow R_{AB} = -2R_{CD} \end{cases} \Rightarrow 令 R_{BC} = R_{CD} = R \ , \ R_{AB} = -2R$$

3.　$H_{AB}^{F} = -3k_{AB}R_{AB}$ ； $H_{CB}^{F} = -3k_{BC}R_{BC}$ ； $M_{CD}^{F} = M_{DC}^{F} = -6k_{CD}R_{CD}$

$$H_{AB}^F : H_{CB}^F : M_{CD}^F = -3k_{AB}R_{AB} : -3k_{BC}R_{BC} : -6k_{CD}R_{CD}$$

$$= -3(1)(-2R) : -3(1)(R) : -6(1)(R)$$

$$= 2 : -1 : -2$$

令 $H_{AB}^F = 2z$ ， $H_{CB}^F = -z$ ， $M_{CD}^F = M_{DC}^F = -2z$

（三）分配係數比 $\Rightarrow D_{CB} : D_{CD} = \dfrac{4(6EI)}{3L} \times \dfrac{3}{4} : \dfrac{4(8EI)}{4L} = 3 : 4$

（四）列綜合彎矩分配表

節點	A	C		D
桿端	AB	CB	CD	DC
D.F		3	4	
F.E.M	$2z$	$-z$	$-2z$	$-2z$
D.M		$3x$	$4x$	
C.O.M				$2x$
$\sum$	$2z$	$3x-z$	$4x-2z$	$2x-2z$

（五）列平衡方程式

1. $\sum M_C = 0$ ， $M_{CB} + M_{CD} = PL \Rightarrow 7x - 3z = PL$.........①

2. $\sum M_D = 0$ ， $V_{AB} \times 7.5L = PL + M_{AB} + M_{DC}$

    $\Rightarrow \dfrac{M_{AB}}{2.5L} \times 7.5L = PL + M_{AB} + M_{DC}$

    $2M_{AB} - M_{DC} = PL \Rightarrow -2x + 6z = PL$......②

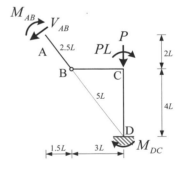

聯立①② 得到 $\begin{cases} x = \dfrac{1}{4}PL \\ z = \dfrac{1}{4}PL \end{cases}$

（六） $M_{AB} = 2z = \dfrac{PL}{2}(\curvearrowright)$

$M_{DC} = 2x - 2z = 0$

（七）B 點垂直位移

$$H_{CB}^F = -z \Rightarrow -3k_{BC}R_{BC} = -\frac{PL}{4} \Rightarrow -3\left(\frac{6EI}{3L}\right)\left(\frac{\Delta_{BC}}{3L}\right) = -\frac{PL}{4} \quad \therefore \Delta_{BC} = \frac{1}{8}\frac{PL^3}{EI}$$

$$\therefore \Delta_B = \frac{1}{8}\frac{PL^3}{EI} \ (\uparrow)$$

四、下圖為一剛架結構，A 點及 E 點為固定端，C 點為鉸支承，所有桿件具有相同的 EI 值，剛架尺寸配置如圖所示。若於 D 點施加水平載重 P，忽略各桿件軸向變形，試用傾角變位法求解 A 點及 E 點的端彎矩 M_{AB}、M_{ED} 之大小及方向，及 D 點水平位移Δ_D 之大小及方向。（本題以其他方法求解，一律不予計分。）（25 分）

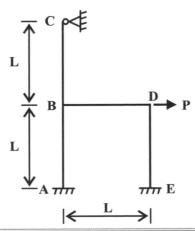

參考題解

（一）固端彎矩：無

（二）K 值比 $\Rightarrow k_{AB} : k_{BC} : k_{BD} : k_{DE} = \frac{EI}{L} : \frac{EI}{L} : \frac{EI}{L} : \frac{EI}{L} = 1 : 1 : 1 : 1$

（三）R 值比：令 $R_{AB} = R_{DE} = R$ ；$R_{BC} = -R$

（四）傾角變位式

$$M_{AB} = 1[\theta_B - 3R] = \theta_B - 3R$$

$$M_{BA} = 1[2\theta_B - 3R] = 2\theta_B - 3R$$

$$M_{BC} = 1[1.5\theta_B - 1.5(-R)] = 1.5\theta_B + 1.5R$$

$$M_{BD} = 1[2\theta_B + \theta_D] = 2\theta_B + \theta_D$$

$$M_{DB} = 1[\theta_B + 2\theta_D] = \theta_B + 2\theta_D$$

$$M_{DE} = 1[2\theta_D - 3R] = 2\theta_D - 3R$$

$$M_{ED} = 1[\theta_D - 3R] = \theta_D - 3R$$

（五）力平衡方程式

1. $\sum M_B = 0$, $M_{BA} + M_{BC} + M_{BD} = 0 \Rightarrow 5.5\theta_B + \theta_D - 1.5R = 0$........①

2. $\sum M_D = 0$, $M_{DB} + M_{DE} = 0 \Rightarrow \theta_B + 4\theta_D - 3R = 0$........②

3. $\sum F_x = 0$, $V_{AB} + V_{DE} + P = V_{CB} \Rightarrow \dfrac{M_{AB} + M_{BA}}{L} + \dfrac{M_{DE} + M_{ED}}{L} + P = \dfrac{M_{BC}}{L}$

$$\Rightarrow (M_{AB} + M_{BA}) + (M_{DE} + M_{ED}) - M_{BC} = -PL$$

$$\Rightarrow 1.5\theta_B + 3\theta_D - 13.5R = -PL.........③$$

4. 聯立①②③可得 $\begin{cases} \theta_B = 0.01282PL \\ \theta_D = 0.0641PL \\ R = 0.08974PL \end{cases}$

（六）代回傾角變位式

$$M_{AB} = \theta_B - 3R = -0.2564PL \ (\frown)$$

$$M_{ED} = \theta_D - 3R = -0.205PL \ (\frown)$$

（七）計算 D 點的水平位移

相對式：$M_{DE} = 1[2\theta_D - 3R]$
真實式：$M_{DE} = \dfrac{2EI}{L}[2\theta_D - 3R_{DE}]$ $\Big\}$ $\Rightarrow 1 \times \cancel{R}^{0.08974PL} = \dfrac{2EI}{L} \times R_{DE}$ $\therefore R_{DE} = 0.04487\dfrac{PL^2}{EI}$

$$\Delta_{DE} = R_{DE} \times L = 0.04487\frac{PL^3}{EI} \Rightarrow \Delta_D = 0.04487\frac{PL^3}{EI}(\rightarrow)$$

112年　公務人員特種考試司法人員考試試題／
施工法（包括土木、建築施工法與工程材料）

一、請試述下列名詞之意涵：（每小題 5 分，共 25 分）

　　（一）反循環樁（Reverse Circulation Drill Pile）

　　（二）潛盾施工法（Sub-shield Construction Method）

　　（三）蜂窩（Honey Comb）

　　（四）島區式開挖工法（Island Excavation Method）

　　（五）噴凝土（Shotcrete）

參考題解

（一）反循環樁（ReverseCirculation Drill Pile）

　　一種場鑄樁，利用穩定液穩定樁身土壁，鑽掘並以反循環方式排土，鑽掘完成後，置入鋼筋籠，以水中混凝土方式澆置樁體。

（二）潛盾施工法（Sub-shieldConstruction Method）

　　一種適用在土質地層之隧道構築方式，以盾殼為掘進機具（潛盾機）的防護結構（臨時支撐），潛盾機由工作井深入地下挖掘隧道，並隨之以鋼筋混凝土預鑄環片組立成弓形支保（襯砌），一直到下一個工作井為止。

（三）蜂窩（Honey Comb）

　　係指混凝土表面缺水泥漿，形成數量或多或少的孔洞，大小如蜂窩，形狀不規則，露出石子深度大於 5 mm，深度不及主筋，但可能使箍筋露出。（依「結構混凝土施工規範」第 10.1 條解說）

（四）島區式開挖工法（Island Excavation Method）

　　地下構造物分中央島區與邊區分別施作，島區先開挖至基礎底面，並保留擋土壁內側坡面。完成島區構造物後，以其為支撐點，架設斜向支撐，再進行邊區開挖與構築邊區構造物。

（五）噴凝土（Shotcrete）

　　將具有速凝摻料的混凝土或水泥砂漿，以氣壓方式通過輸送管，並以高速率噴射至施工表面，同時快速形成強化表層。常用於岩質隧道及邊坡之穩固工程。

二、隨著道路鋪面服務品質之提升，柔性路面益形重要，而柔性路面主要係採用瀝青混凝土材料，請說明瀝青混凝土路面於面層之鋪築時，其施工作業要點計有那些？（25 分）

參考題解

（一）氣候

10°C以上，底層乾燥無積水。

（二）鋪築路段之整理與清掃

1. 整理：

在施工前，其底層、基層、路基或原有路面應依規定予以整修使其符合設計圖說所示之線形、坡度及橫斷面，無積水。

2. 既有路面設施：

現有人手孔、感應圈之位置、高程與鋪築作業配合。

3. 清掃：

整理後應以清掃機或竹帚將表面浮鬆塵土及其他雜物清掃潔淨，清掃寬度至少應較路面鋪築寬度每邊各多 30 cm。

（三）瀝青混凝土產製

1. 應由合格瀝青拌合廠產製，並依規定請監造單位等驗廠。

2. 配比送核與試拌。

3. 拌合廠生產品質管制：

（1）瀝青材料與粒料抽驗。

（2）計量設備定期檢驗校正。

（3）材料加熱溫度與拌合時間、溫度之控管。

4. 出廠單內容確認簽收。

（四）運送

1. 降溫過快防止措施（如蓋帆布）。

2. 避免雨中出料（瀝青混合料遇雨淋濕應廢棄，雨天施工應使用乳化瀝青為粘結料）。

（五）鋪築

1. 鋪築前基準線測設（放樣）檢查。

2. 氣候確認：雨天、霧天與低溫（＜10°C）鋪築施工之禁止。

3. 鋪築路段整理與清掃

4. 鋪築設備之檢查。

5. 透層與粘層均勻與完整噴塗。

6. 瀝青混合料檢查

（1）瀝青混合料均勻性。

（2）入機溫度查驗：由監造單位決定，不得低於 120℃。

（3）依規定抽取樣頻率取樣。

7. 鋪築機鋪築速度：3～6 m/min 或依供料速度調整。

8. 鋪築厚度隨時檢查。

9. 接縫正確留設：

（1）平行與垂直車行方向。

（2）邊緣全厚度垂直斷面。

（3）各分層接縫垂直斷面且錯位留設（縱向≧15 cm；橫向≧60 cm）。

（六）滾壓

1. 正確滾壓設備。

2. 徹底均勻滾壓：

（1）適宜滾壓溫度：

依黏度試驗決定（通常初壓 110～125℃，主壓 82～100℃，終壓＞65℃）。

（2）足夠滾壓次數。

（3）緩慢平順滾壓：

滾壓速率通常初壓≦3 km / hr；主壓與終壓≦5 km / hr。

（4）依規定分層滾壓－每層 5 cm。

3. 平整度檢查。

4. 夯實度與厚度檢驗。

（七）保護

禁止交通至少 6 小時或至溫度降至 50℃以下（自然冷卻）。

三、鋼筋混凝土建築物於施工過程中需預先設置適當的水電管線,一旦此等管線須穿越 RC 牆、樓板或梁等構件時,需將穿越之開口設置於適切之位置;請說明此等 RC 構件之開口須加以設置補強鋼筋之原因,並舉例說明若於 RC 梁設置開口時之設置原則及補強要領計為那些?(25 分)

參考題解

(一)開口須加以設置補強鋼筋之原因

1. 開口部位之混凝土斷面積減少:

開口使混凝土構件斷面之受力面積減少,應力增加。

2. 原配筋方式被迫改變:

開口部位常使原配筋方式無法施作,需加以修改。

3. 開口周邊易產生裂縫:

構件於地震或其他大載重時,開口周邊(尤其開口形狀急遽變化時)常因應力集中現象,產生裂縫。

4. 開口易發生脆性破壞:

構件之開口,降低構件剪力強度,開口處周邊常見剪力裂縫發生,其係屬於脆性破壞,尤其以梁構件開口破壞類型之改變最顯著。

5. 混凝土施工易產生瑕疵:

開口周邊(尤其是下緣與角偶)常因搗實不易或其他施工不當,產生冷縫、蜂窩等瑕疵。

(二)RC 梁設置開口時之設置原則及補強要領

依工程會「公共工程品質管理訓練班教材」中相關規定,分述於下:

1. 設置原則:

(1)開口位置及大小不得影響結構物之強度。

(2)距柱面 2 倍梁深範圍內不得開口。

(3)開口寬度或孔徑不得大於 1/3 梁深。

(4)開口設於梁深度之中央。

(5)開口不可同一斷面垂直排列。

(6)開口水平排列需相距 3 倍管徑或 30 cm 以上。

(7)開口外緣與鋼筋距離需滿足相關保護層厚度之規定。

2. 補強要領:

(1)各補強筋(箍筋除外)長度,須自鋼筋交點起有足夠伸展長度。

（2）各種補強筋之號數、支數、位置與角度需正確配置。補強筋號數與數量如下表：

開口直徑 D (cm)	斜向 補強筋	水平向 補強筋	垂直向 補強箍筋
D＜10	2-D13	－	開口兩側：2-D13
10≦D＜20	4-D13	上下各 2-D13	開口兩側：2-D13 開口上下側：D13@10cm （另應不低於原箍筋號數，不大於原間距）（如詳圖）
20≦D＜30	4-D16	上下各 2-D16	開口兩側：2-D16 開口上下側：D13@10cm （另應不低於原箍筋號數，不大於原間距）（如詳圖）

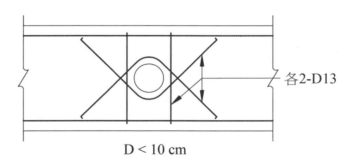

D < 10 cm

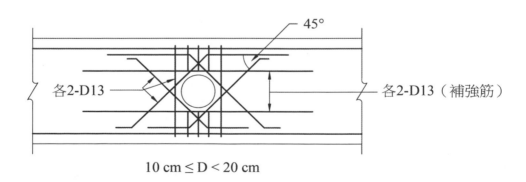

10 cm ≦ D < 20 cm

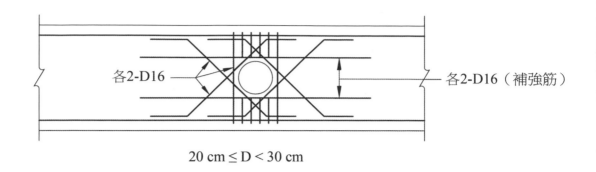

20 cm ≤ D < 30 cm

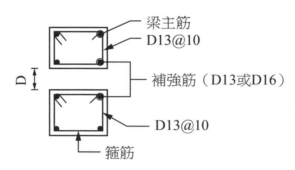

10 cm ≤ D < 30 cm 開口上下側斷面詳圖

四、隨著國際間淨零排碳的要求，綠建材的發展亦是非常重要的議題；請說明綠建材之定義及其優點分別為何？另我國主管機關對綠建材認證所擬定之類別計分為那四大類？（25 分）

參考題解

（一）定義

指經中央主管機關認可符合生態性、再生性、環保性、健康性及高性能等特性之建材。

（二）優點

1. 生態材料：減少化學合成材之生態負荷與能源消耗。

2. 可回收性：減少材料生產耗能與資源消耗。

3. 健康安全：使用自然材料與低揮發性有機物質建材，可減免化學合成材之危害。

（三）種類

依內政部「綠建材標章評定相關規定」，綠建材分為下列四大類：

1. 生態綠建材：

採用生生不息、無匱乏危機之天然材料，具易於天然分解、符合地方產業生態特性，且以低加工、低耗能等低人工處理方式製成之建材。

2. 健康綠建材：

性為低逸散量、低毒性、低危害健康風險之建築材料。

3. 再生綠建材：

利用回收材料，經過再製程序，所製造之建材產品，並符合廢棄物減量（Reduce）、再利用（Reuse）及再循環（Recycle）等 3R 原則製成之建材。

4. 高性能綠建材：

性能有高度表現之建材、材料構件，能克服傳統建材、建材構件性能缺陷，以提升品質效能。本大類又可細分為：

（1）高性能防音綠建材；

（2）高性能透水綠建材；

（3）高性能節能綠建材等三類。

112年 公務人員特種考試司法人員考試試題／營建法規

一、誤觸刑事責任是應予避免之情事，請依據國土計畫法的罰則規定，詳述當違反那些情形導致釀成災害者、因而致人於死者或致重傷者會衍生相關刑責問題。（25分）

參考題解

（一）國土計畫法第 38 條

1. 從事未符合國土功能分區及其分類使用原則之一定規模以上或性質特殊之土地使用者，由該管直轄市、縣（市）主管機關處行為人新臺幣一百萬元以上五百萬元以下罰鍰。

2. 有下列情形之一者，由該管直轄市、縣（市）主管機關處行為人新臺幣三十萬元以上一百五十萬元以下罰鍰：

   （1）未經使用許可而從事符合國土功能分區及其分類使用原則之一定規模以上或性質特殊之土地使用。

   （2）未依許可使用計畫之使用地類別、使用配置、項目、強度進行使用。

3. 違反第二十三條第二項或第四項之管制使用土地者，由該管直轄市、縣（市）主管機關處行為人新臺幣六萬元以上三十萬元以下罰鍰。

4. 依前三項規定處罰者，該管直轄市、縣（市）主管機關得限期令其變更使用、停止使用或拆除其地上物恢復原狀；於管制使用土地上經營業務者，必要時得勒令歇業，並通知該管主管機關廢止其全部或一部登記。

5. 前項情形經限期變更使用、停止使用、拆除地上物恢復原狀或勒令歇業而不遵從者，得按次依第一項至第三項規定處罰，並得依行政執行法規定停止供水、供電、封閉、強制拆除或採取其他恢復原狀之措施，其費用由行為人負擔。

6. 有第一項、第二項第一款或第三項情形無法發現行為人時，直轄市、縣（市）主管機關應依序命土地或地上物使用人、管理人或所有人限期停止使用或恢復原狀；屆期不履行，直轄市、縣（市）主管機關得依行政執行法規定辦理。

7. 前項土地或地上物屬公有者，管理人於收受限期恢復原狀之通知後，得於期限屆滿前擬定改善計畫送主管機關核備，不受前項限期恢復原狀規定之限制。但有立即影響公共安全之情事時，應迅即恢復原狀或予以改善。

（二）國土計畫法第 39 條

1. 有前條第一項、第二項或第三項情形致釀成災害者，處七年以下有期徒刑，得併科新臺幣五百萬元以下罰金；因而致人於死者，處五年以上十二年以下有期徒刑，得併科新臺幣一千萬元以下罰金；致重傷者，處三年以上十年以下有期徒刑，得併科新臺幣七百萬元以下罰金。

2. 犯前項之罪者，其墾殖物、工作物、施工材料及所使用之機具，不問屬於犯罪行為人與否，沒收之。

二、依據促進民間參與公共建設法及其施行細則規定，請詳述當民間機構於興建或營運期間，那些條件下中央目的事業主管機關得令民間機構停止興建或營運之一部或全部；並說明主辦機關應有之對應作為。（25 分）

參考題解

興建階段履約管理（促參法-52、53）

（一）1. 民間機構於興建或營運期間，如有施工進度嚴重落後、工程品質重大違失、經營不善或其他重大情事發生，主辦機關依投資契約得為下列處理，並以書面通知民間機構：

（1）要求定期改善。

（2）屆期不改善或改善無效者，中止其興建、營運一部或全部。但主辦機關依第三項規定同意融資機構、保證人或其指定之其他機構接管者，不在此限。

（3）因前款中止興建或營運，或經融資機構、保證人或其指定之其他機構接管後，持續相當期間仍未改善者，終止投資契約。

2. 主辦機關依前項規定辦理時，應通知融資機構、保證人及政府有關機關。

3. 民間機構有第一項之情形者，融資機構、保證人得經主辦機關同意，於一定期限內自行或擇定符合法令規定之其他機構，暫時接管該民間機構或繼續辦理興建、營運。

（二）1. 公共建設之興建、營運如有施工進度嚴重落後、工程品質重大違失、經營不善或其他重大情事發生，於情況緊急，遲延即有損害重大公共利益或造成緊急危難之虞時，中央目的事業主管機關得令民間機構停止興建或營運之一部或全部，並通知政府有關機關。

2. 依前條第一項中止及前項停止其營運一部、全部或終止投資契約時，主辦機關得採取適當措施，繼續維持該公共建設之營運。必要時，並得予以強制接管營運；其接管營運辦法，由中央目的事業主管機關於本法公布後一年內訂定之。

三、依據建築法之規定,請詳述建築物在施工中,當發現有那些情事之一時,監造人應分別通知承造人及起造人修改;其未依照規定修改者,監造人應即處理之作為又為何?（25 分）

參考題解

（一）建築法§58

建築物在施工中,直轄市、縣（市）（局）主管建築機關認有必要時,得隨時加以勘驗,發現左列情事之一者,應以書面通知承造人或起造人或監造人,勒令停工或修改;必要時,得強制拆除:

1. 妨礙都市計畫者。

2. 妨礙區域計畫者。

3. 危害公共安全者。

4. 妨礙公共交通者。

5. 妨礙公共衛生者。

6. 主要構造或位置或高度或面積與核定工程圖樣及說明書不符者。

7. 違反本法其他規定或基於本法所發布之命令者。

（二）建築法§61

建築物在施工中,如有第五十八條各款情事之一時,監造人應分別通知承造人及起造人修改;其未依照規定修改者,應即申報該管主管建築機關處理。

四、工地主任是營建工程管理的重要人員，依據營造業法與營造業法施行細則規定，請詳
　　述營造業之工地主任應負責辦理工作為何，以及應置工地主任之工程金額或規模為
　　何？（25 分）

參考題解

工地主任：（營造業-30、31、32）

（一）營造業承攬一定金額或一定規模以上之工程

　　　1.　承攬金額新臺幣五千萬元以上之工程。

　　　2.　建築物高度三十六公尺以上之工程。

　　　3.　健築物地下室開挖十公尺以上之工程。

　　　4.　橋樑柱跨距二十五公尺以上之工程。

（二）其施工期間，應於工地置工地主任。（※取得工地主任執業證者，每逾四年，應再取得
　　　最近四年內回訓證明，始得擔任營造業之工地主任。），應負責辦理下列工作：

　　　1.　依施工計畫書執行按圖施工。

　　　2.　按日填報施工日誌。

　　　3.　工地之人員、機具及材料等管理。

　　　4.　工地勞工安全衛生事項之督導、公共環境與安全之維護及其他工地行政事務。

　　　5.　工地遇緊急異常狀況之通報。

　　　6.　其他依法令規定應辦理之事項。

　　　（※免依第三十條規定置工地主任者，前項工作，應由專任工程人員或指定專人為之。）

讀者回函卡

　　　　　　　　　　　　　　　　　　　　　年　　　月　　　日

※ 請寄回讀者回函卡。讀者如考上國家相關考試，**我們會頒發恭賀獎金。**

讀者姓名：

手機：　　　　　　　　　　　　市話：

地址：　　　　　　　　　　　　E-mail：

學歷：□高中　□專科　□大學　□研究所以上

職業：□學生 □工 □商 □服務業 □軍警公教 □營造業 □自由業　□其他_____

購買書名：

您從何種方式得知本書消息？

□九華網站　□粉絲頁　□報章雜誌　□親友推薦　□其他_____

您對本書的意見：

內　　容　　□非常滿意　□滿意　□普通　□不滿意　□非常不滿意

版面編排　　□非常滿意　□滿意　□普通　□不滿意　□非常不滿意

封面設計　　□非常滿意　□滿意　□普通　□不滿意　□非常不滿意

印刷品質　　□非常滿意　□滿意　□普通　□不滿意　□非常不滿意

※讀者如考上國家相關考試，**我們會頒發恭賀獎金**。如有新書上架也盡快通知。
　謝謝！

廣　告　回　信
台北郵局登記證
台北廣字第 04586 號

台北市私立九華短期職業補習班 土木建築科　收

台北市中正區南昌路一段 161 號 2 樓

1 0 0 - 7 8

112 土木國家考試試題詳解

編 著 者：九華土木建築補習班

發 行 者：九樺出版社

地　　　址：台北市南昌路一段 161 號 2 樓

網　　　址：http://www.johwa.com.tw

電　　　話：（02）2351－7261~4

傳　　　真：（02）2391－0926

定　　　價：新台幣　550　元

I S B N ：　978-626-97884-1-5

出版日期：中華民國一一三年三月出版

官方客服：LINE ID：@johwa

總 經 銷：全華圖書股份有限公司

地　　　址：23671 新北市土城區忠義路 21 號

電　　　話：（02）2262-5666

傳　　　真：（02）6637-3695、6637-3696

郵政帳號：0100836-1 號

全華圖書：http://www.chwa.com.tw

全華網路書店：http://www.opentech.com.tw